home and walk

집과 산책
home and walk

손현경 지음

비밀신서

들어가며

부모님께서 농장을 운영하셨던 덕에 유년 시절 넓은 농장 들판과 땅은 제 앞마당이었습니다. 매일 싱싱한 알을 낳아주는 닭들, 낳자마자 죽은 아기 소를 바라보며 흘리는 어미 소의 눈물, 대형견 세인트버나드의 등에 올라타 학교 가자고 조르던 즐거움, 고집스럽게 말 안 듣는 염소들을 혼낸 기억, 산양 젖을 짠 직후 고소함과 따뜻함을 맛본 일, 두 마리로 시작해 나중엔 100마리도 넘어버린 토끼들, 그 토끼들에게 겨울에도 채소를 먹이고자 언 땅의 배추를 작은 손으로 호호 불어가며 뽑던 기억, 사육장을 뚫고 나온 징글징글한 칠면조의 뜀박질 등 저의 유년 시절 기억은 온통 맨발로 누볐던 땅과 동물들의 추억으로 가득합니다. 유년 시절의 따스하고 그리운 기억은 제 마음속 깊이 자리 잡고 있습니다.

집안일을 사랑하고 집 자체를 좋아하면서도 산과 들로 나가 뛰놀던 경험은 성인이 된 저에게 산책의 즐거움을 느끼게 해주었습니다. 산책을 하며 사유(思惟)하고 자연을 맛보는 것이 제겐 큰 행복입니다. 집과 일상을 사랑하고, 순간을 아끼는 행복한 어른이 되는 것이 매일 저의 다짐이랄까요.

코 끝에 신선한 공기를 불어넣는 산책의 즐거움, 오래되고 아름다운 것을 눈에 담는 즐거움, 주변의 어수선한 것들을 정리하는 즐거움, 일과 일상의 스트레스로 지쳤을 나와 가족들을 위한 여행의 즐거움, 도서관과 서점에서 마음에 꼭 드는 책을 호젓하게 읽는 즐거움, 그리고 꽃과 식물을 늘 곁에 두고 보는 즐거움 그 모든 것이 우리의 일상 속에 함께 있지요.

그 행복과 즐거움이 한 편의 기록이 되어 누군가의 즐거움으로 다시 풍성해지리라 혼자 상상해 봅니다.

목 차
◆◆◆

들어가며 … 4

I. 나의 집 이야기

혜화동으로 … 12

좋아하는 것만 남겨요 … 18

식물은 집과 나를 위한 최고의 선물 … 26

하나가 들어오면, 하나가 나가고 … 32

미울수록 보듬어주고, 고쳐주어요 … 36

안녕, 나무야 … 40

그 집의 첫인상, 현관 … 46

햇살이 주는 행복 … 50

물려주고 싶은 것들 … 54

일기와 산책 … 58

코코넛에게 … 62

'이뻐 할머니'와 '채소 할아버지' … 66

내 작은 아랫방 이야기 : Villa Plum … 70

II. 산책 이야기

걸으면 보이는 것들 … 82

옛 창의 멋 … 86

낡고 오래된 것의 아름다움 … 90

하루하루가 다른 혜화동 산책 … 94

꿈꾸는 나의 집을 찾아서 … 100

골목길의 대문들 … 104

북정마을 식물 요정 … 106

여름의 새벽 산책 … 110

6월 6시의 장미넝쿨 … 112

작품으로 불리는 건축물의 발견 … 114

살아 숨쉬는 시장을 즐겨요 … 118

현지인의 일상을 느끼는 여행 … 120

친정이 되어버린 제주 … 128

III. 살림 이야기

청소하는 즐거움 … 138

눈이 자주 닿는 곳엔 아름다운 물건을 … 146

매일 쓰는 것은 가장 이쁘고 좋은 것으로! … 148

물건은 사용하기 나름 … 150

살림 선배, 엄마 … 154

작은 것을 잘하는 사람 … 160

천이 주는 즐거움 … 164

수납보다 비움을 … 168

빛나야 하는 것은 언제나 반짝반짝하게 … 172

다정한 살림 친구, 돌멩이 … 174

언제나 마지막처럼 … 176

유리병은 쓸모가 많아요 … 178

사랑한다는 말로는 부족한 바구니 … 180

세면대 비누 아래에는 예쁜 수세미를 … 184

미운 곳은 덮거나, 가려주어요. … 186

화장실을 설레는 장소로 … 188

아들, 딸에게 … 192

IV. 기억하고 싶은 집

성북동 할머님 댁 … 200

나란, 나래 자매의 집 … 204

가희 씨의 집 … 210

명희 씨의 집 … 216

혜림의 집 … 222

은경 언니의 집 … 226

주은의 집 … 230

호화 씨의 집 … 234

혜원의 집 … 238

파올라 아주머니의 집 … 242

최순우 옛집 … 246

장면 가옥 … 250

홍난파 가옥 … 254

고경애 화가의 집 … 258

제주 소라의 성 … 264

글을 마치며 … 266

I.

나의 집
이야기

어느새 어른이 되고, 결혼해서도 자연스레 아파트라는 편한 주거공간에서 살게 되었습니다. 아파트는 아이 키우기에 정말 좋은 집이란 생각이 듭니다. 단지 안의 놀이터, 경비원 아저씨의 관리 덕에 주변은 늘 깨끗하고, 엘리베이터는 현관문까지 편하게 데려다 줍니다. 낙엽이나 눈을 직접 쓸 필요도 없는 데다 아파트는 부동산으로서도 꽤 가치가 있습니다.

그럼에도 저는 모세혈관처럼 치밀하게 짜여 있는 골목 사이사이에 있는 집들과 지붕이 보이는 집들을 향한 마음을 멈출 수가 없습니다. '감나무 집' 혹은 '붉은 벽돌집' 등의 이름으로 우리집을 불러보고 싶고요. 게다가 그 동네가 예전부터 한번쯤 살아보고 싶다는 마음이 있었던 곳이라면 더는 망설일 필요가 없다는 용기가 생기게 되었습니다.

혜화동으로

"어디 사세요?"라고 누가 묻는다면 한번쯤은 "혜화동이요!"라고 답하고 싶었습니다. 이름도 참 아름다운 이 동네는 제 오랜 로망이었어요.

둘째 아이가 대학로 주변에 있는 초등학교에 입학하게 되면서, 저는 '이때가 기회다' 라고 여기고, 이사를 추진했습니다. 첫째 아이에겐 몹시 미안한 일이었죠.

사실 이전에 살던 집에서도 충분히 통학할 수 있는 거리였습니다. 그럼에도 오래 전부터 '혜화동'에 갖고 있는 감성이 저를 이끌었던 것 같아요.

발품을 팔아 혜화동, 명륜동 곳곳의 집들을 보러 다녔습니다. 어떤 것은 예산에 벅찼고, 어떤 것은 조건에 맞지 않고. 집을 고른다는 것은 온 재산을 건 모험인 데다 하나의 조건만 맞는다고 선택을 할 수 없고, 모든 조건이 맞아 떨어져야 하는, 가장 복잡한 퍼즐이지요.

독특한 문창살과 벽돌이 어우러진
혜화동의 멋진 집

원하는 집은 나오지 않고, 점점 '이 동네에는 날 위한 집은 없나 보다'라고 생각하면서 포기하려고 할 때쯤 동네의 대로에서 살짝 골목으로 들어가 있는 2층 벽돌 주택을 보게 되었습니다. 낡은 벽돌 건물을 좋아하는 저는 홀린 듯 그 안으로 들어갔습니다.

그 집은 30년이 훌쩍 넘은 주택이었습니다. 유물처럼 옛 흔적이 남아 있는 공간을 본다는 것이 제겐 신선한 충격이었습니다. 집 주위에서는 새 소리가 쉼 없이 들려왔고, 설명할 수 없는 느낌에 휩싸였습니다.

주차장은 있으나 입구가 협소해 차가 드나들 때마다 고도의 운전 실력이 필요할 것 같은 조건, 전에 살던 집과 비교하기조차 어려운 무척 협소한 공간, 오래된 주택이라 보수하는 데 돈도 많이 들 것 같은 문제. 이처럼 적합하지 않은 조건들이 넘쳐나는 집이었습니다.

'이래도 될까?', '후회하지 않을까?' 갈팡질팡하며 한 달여를 고민한 끝에 드디어 결론은 내려졌고 마음이 부르는 소리에 귀 기울이게 되었어요. 살아보고 싶은 동네에서 살아보는 것, 노래 가사 속에서도 아름답게 빛나는 이 동네로 자연스레 마음이 향했습니다. 그렇게 혜화동의 집은 내게로 왔습니다.

위쪽 집의 외관. 골목에서 쑤욱 들어가 있는 곳에 숨겨져 있는 나의 집. 현관 손잡이에 자그마하게 '가나다라' 동 이름이 수줍게 쓰여 있어요.

아래쪽 2층에서 이불을 털다 물총 놀이를 하고 있던 서우와 눈이 마주치던 순간 혜화동의 우리 집은 작고 오래된 낡은 연립주택이지만, 집 바로 앞에는 다양한 예체능 과정 수강을 두루두루 할 수 있는 생활관이 있고, 큰 모과나무가 드리워진 정원이 있는 도서관이 있습니다. 골목 곳곳에 동네의 역사를 간직한 오래된 주택들과 역사 깊은 서점들도 있지요. 언제든 마음만 먹으면 한양도성 성곽길을 바로 거닐 수 있고, 큰 가로수와 장미넝쿨들과 인사하며 오가는 학교 등굣길은 운치 가득하고요. 곳곳에는 이러한 것들을 곁에 두고 볼 수 있는 즐거움, 제가 산 것은 집이 아니라 동네였지요.

게다가 덤으로 주어진 차고에 딸린 방으로 저는 오랜 꿈이었던 작은 숙소의 호스트가 되었습니다. 매일 닦고 보듬어 주는 또 다른 나의 작은 집이 생긴 것입니다. 계절을 느끼며 눈이 오면 눈을 쓸고, 잎들이 우수수 떨어지면 낙엽을 씁니다. 집 앞 골목에서 슬쩍 담배를 피우는 사람을 보면 "흠흠" 헛기침을 크게 내어 신호를 보내기도 하지요.

개와 고양이를 키우는 무심한 듯 다정한 이웃들도 마음에 들고, 무엇보다 매일 여기저기 산책을 할 수 있는 즐거움을 안겨준 집이기에 30년이 훌쩍 넘은 이 낡고 오래된 집이 인생에서 가장 강렬한 기억의 조각이 되리란 예감이 들었습니다.

큰 모과나무가 드리워진 석천문학관 정원

좋아하는 것만
남겨요

혹시 작은 집에서 살다 큰 공간으로 옮긴 경험이 있으신가요? 작은 집에서 큰 집으로 간다는 것은 내가 열심히 살아온 것에 대한 보상이구나 또는 무언가를 이루어 놓았다는 뿌듯함마저 듭니다. 기존 가구는 물론, 새로운 가구나 소품을 가져와도 공간이 더 생기니 편한 마음이 들기도 해요. 큰 집은 왠지 더 행복할 것 같고요. 넓은 공간 자체가 주는 여유로움에 살면서 생기는 짜증도 줄어들 것 같은 기분도 들지요.

혜화동 집으로 이사를 오면서 작아진 공간에 맞춰, 갖고 있던 짐을 대폭 줄여야만 했습니다. 작아진 집 크기에 맞춰 짐의 반 이상을 버리고 온 저희 부부는 이 집을 힘들어했습니다. 부동산 가격 상승으로 돈을 벌 수 있는 타이밍을 놓쳤다는 자괴감도 들었습니다.

책장을 놓을 공간이 없으므로 비어 있는 마땅한 벽을 찾아 선반을 만들어야 했고, 푹신한 소파와는 작별을 해야 했지요.

우리집 중심 공간: 식탁이 있는 자리

침대는 모두 헤드가 없고 하단에 수납이 있는 형태로 바꾸어 매트리스 아래 공간에는 철이 지난 옷이나 이부자리를 넣어두었습니다. 기존의 그릇장은 중고로 팔고, 눈으로만 즐기거나 더는 필요하지 않은 식기들은 모두 처분하게 되었어요. 그렇게 가지치기를 하듯 짐들을 정리하다 보니 제가 좋아하고 늘 쓰는 물건만 남게 되었습니다. 여분의 것들은 없고, 가장 필요한 것들만 남게 된 셈이지요.

작은 집은 저의 생활을 단순하게 해주었고, 작은 물건을 고를 때도 깊은 고민을 하게 합니다. 이 고민이 무조건 싫지만은 않더군요. 무언가를 살 때 제 자신에게 좀 더 신중하게 물어보게 된다는 거예요. 작은 집은 진짜 좋아하고 필요한 것만 고르는 요령을 알게 해준 고마운 존재가 되었답니다.

상부장 크기를 줄여 위에는 큰 소쿠리나 그릇을, 아래 선반에는 늘 쓰는 접시와 컵을 두어 수납을 편하게 했어요.

왼쪽 서울 종로구 동묘 벼룩시장에서 구입한 긴 팔 원숭이를 주렁주렁 달아 집의 재미를 더해 주었어요.

오른쪽 공간이 작아 소파를 놓을 수 없던 거실에 일인 암체어를 두니 모양도 쓰임도 굿!

식물은 집과 나를 위한
최고의 선물

십여 년 전에 친정어머니한테 선물로 받은 뱅갈 고무나무는 저희 집의 중심 식물입니다. 최근에는 분홍색 '만데빌라'를 집에 들여놓았는데 말할 수 없이 어여쁩니다. '잭과 콩나무' 이야기 속의 콩나무처럼 하루가 다르게 쑥쑥 자라는 모습을 보고 있노라면 너무나 신기하고 놀랍답니다. 뭘 해준 것도 없는데 쑥쑥 자라나서 키우는 사람의 자존감을 높여주는 식물이라 과감히 추천해 드리고 싶어요. 얇고 긴 나뭇가지를 화분에 꽂아주면 가지를 계속 휘감으며 위로 뻗어 올라가는 모습을 볼 수 있지요.

식물은 그림이나 소품 그 이상으로 인테리어를 극대화해주어요. 심심하고 쓸쓸한 공간에 식물을 턱 놓아두면 따뜻한 공간으로 변모해요. 흐린 벽돌 빛 토분으로 적당한 통일감을 주고, 잎사귀가 큰 아이, 열매가 있는 아이 등 다양한 식물들을 곳곳에 놓아두면 공간마다 빛이 납니다.

왼쪽 꽃과 과일을 같이 두면 정물화
의 한 장면을 연출할 수 있어요.

오른쪽 책과 콩나무처럼 하루가 다
르게 위로 뻗어 올라가는 만데빌라

참! 꽃과 과일은 찰떡 궁합이라서 같이 놓아두면 프레임 없는 정물화를 보는 기분까지 느낄 수 있답니다. 너저분한 것들은 치워주시면 더욱 좋고요. 주변이 단정해야 식물의 존재감이 빛을 발해요. 욕실에 식물을 놓아두면 화장실 갈 때의 기분도 더욱 경쾌해진답니다.

저는 식물을 의도적으로 모아두지 않고 군데군데 놓아두는 편입니다. '과한 것은 모자라는 것보다 못하다'라는 생각을 갖고 있기 때문이죠. 저의 집 베란다는 폭이 무척 좁아서 식물을 마음껏 들여놓을 수 없기에 자연스레 관리하기는 쉽고, 오래 사는 친구들을 좋아하게 되었습니다. 천정에 걸어 멋스럽게 내려오는 행잉 플랜트나, 선반에 놓을 수 있는 크지 않은 화분, 생화를 선호하게 되었죠.

특히 빛이 잘 드는 코너 부분은 식물을 놓기에 최적의 장소예요. 식물은 공기 정화에도 도움이 되니 거실 선반, 콘솔 등의 가구 위에 무심히 놓아두거나, 주방 창가에 자리가 있다면 일부러 놓아두어요. 식물이 있으면 설거지를 하거나 요리를 할 때 덜 외롭고, 더 즐거워지는 것 같아요.

행잉플랜트는 공간을 차지하지 않을 뿐만 아니라 공간을 빛내주는 귀한 인테리어 아이템이지요.

집에 꽃과 식물이 있으면 그 어느 때보다 분위기가 화사해지고 새 옷을 입은 듯 산뜻해집니다. 우울하거나 속상할 때 꽃집에 가서 맘에 드는 꽃이나 화분을 고르고 올 때면 얼었던 마음이 스르르 풀린답니다.

하루는 둘째 아이가 학교에서 '기억에 남는 동네 어른 인터뷰' 숙제를 받았습니다. 아이가 단골 꽃집 사장님에 대해 쓰고, 그림과 함께 드리자 본인이 그려진 그림을 받고 어쩔 줄 몰라 좋아하시던 그 고운 얼굴이 지금도 생각나네요.

단골 꽃집 사장님은 자주 온다는 이유로 이미 제 취향을 파악해 어울리는 꽃을 덤으로 얹어 줍니다. 만 원을 넘지 않는 꽃의 양이 이렇게 풍성할 수 있다니 단골의 힘은 정말 대단한 것 같아요.

단골 꽃집이 생긴다는 것, 흔하지 않은 꽃 파는 곳을 알아내는 것은 나만의 맛집을 알게 된 듯한 묘한 쾌감을 느끼게 해줍니다.

하나가 들어오면,
하나가 나가고

작은 집으로 이사온 후 생긴 큰 변화는 틈나는 대로 치우지 않으면 발 디딜 곳이 없어졌다는 것입니다. 하긴 집 크기만의 문제는 아니지요. 집이 큰 경우에도 모든 물건을 제자리에 두는 것이 습관처럼 몸에 배 있어야 늘 단정함을 유지할 수 있으니까요.

택배 상자의 내용물을 꺼내고 빈 상자를 쫙쫙 펴서 바로바로 내어놓지 않으면 현관 앞이 꽉 막히게 되지요. 여기저기 흩어져 있는 장난감도 놀고 난 후 바로 치우지 않으면 어느새 발에 걸려 다치기도 합니다. 잘 치우려고 해도 물건을 수납할 공간이 없으면 작은 집은 숨 막히게 답답해집니다.

그러다 보니 물건 하나를 고르는 데 신중해질 수밖에 없습니다. 저에겐 하나를 들이면 하나가 나가야 하는 삶의 공식이 생겨 버렸습니다. '정리 후 사기'란 규칙을 세우면 쉽게 새어나가는 돈과 충동적인 소비를 막을 수 있고 물욕도 서서히 사라지게 됩니다. 정리를 하다 보면 사려 했던 것을 이미 갖고 있거나, 필요했던 용도의 물건이 정리되지 않아 그동안 숨겨져 있을 때가 많답니다

집에 있는 빈 병을 모아 캐리어에 담은 후 팔러가는 아이들

위쪽 빽빽한 공간에 새 친구는 들어
오기 힘들어요.

아래쪽 비움 바구니를 두어 언제든
불필요하거나, 정리가 필요한 물건
들을 바로바로 담아두지요.

책 또한 자리를 많이 차지하는 터라 동네 도서관을 적극적으로 활용해 책을 빌려보고 반납합니다. 소장하고 싶은 책이 있으면 책장 공간을 확보하거나 더는 읽지 않는, 상태 좋은 책을 골라 지인에게 나누어 주거나, 중고 서점에서 팔았습니다.

아이들이 쑥쑥 크니 작년에 구입한 옷들은 일 년만 지나도 금세 깡뚱해집니다. 깨끗한 옷은 더 어린 친구들에게 물려주고, 옷장을 비워 둔 후에야 새 옷을 들일 수 있게 되었습니다. 무언가를 들이기 위해서는 먼저 비워야 하는 시스템이 생긴 것이지요.

거실 한켠에 바구니도 놓아두었습니다. 저는 이 바구니를 '비움 바구니'라 부르지요. 내겐 필요하진 않지만 상태가 좋거나, 누군가에겐 쓸모 있는 것들을 모아둔답니다. 중고마켓에 내다 팔기도 하고, 원하는 지인에게 주기도 합니다. 바구니가 차서 비워지면 이 바구니는 자신의 몫을 톡톡히 한 것이지요. 그때그때 정리하며 하나씩 추리다 보면 군더더기 없는 살림을 하는 데 도움이 됩니다.

미울수록 보듬어주고,
고쳐주어요

"마스킹 테이프는 여기에 붙여야지요!"

"이렇게요?"

"그 쉬운 걸 왜 그리 못 찢을까…"

무지하게 손발이 맞지 않는(말귀도 못 알아먹는) 부부이지만, 하루라도 예쁘게 살자는 의견만큼은 잘 맞습니다. 초라한 집 외관을 어떻게든 조금은 더 나은 컨디션으로 만들고픈 우리의 몸부림이랄까요. 오래된 집은 돈이 들고 수고스럽지만 우리는 이 집을 사랑하기에 함께 고치고 닦고 가꾸어 줍니다. 좀 더 나은 곳에서 살기를 바라는 마음이지요.

저희 집으로 들어오는 골목 입구에 서면 제일 처음 마주하게 되는 곳은 미운 갈색 철제 창고 문과 탁한 벽돌 계단입니다. 하루하루 지나면서 도저히 계속 볼 수 가 없자 우리 부부는 페인트 붓을 들었죠. 흰색 페인트로 창고 문과 계단을 하얗게 칠하고, 남은 페인트는 옆 동 할아버님댁의 벗겨진 벽면을 칠해 드렸습니다.

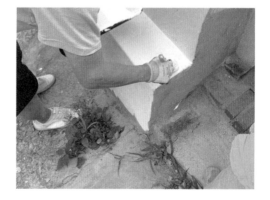

남편이 미운 갈색 창고문과 벽돌 계
단을 흰색 페인트로 칠하고 있어요.

외관을 깨끗이 칠하고 나니 창고 안의 내용물도 정리하고 싶어졌습니다. 철제 선반을 짜서 바닥에 그냥 쌓아 두었던 물건들을 모두 선반 위로 올려 정리했습니다. 날이 어둑해져 서로의 휴대폰 불빛을 비춰가며 비워내고 치웠던 그날의 기억. 가장 미운 장소가 가장 고맙고 정다운 장소로 재탄생한 날로 기억하고 싶습니다.

창고 안과 밖 정리가 끝나자 이제는 창고 옆 작은 공간이 점점 눈에 들어왔습니다. 작은 땅이지만 잡초가 무성한 채 방치해온 곳이었죠. 창고에 가리워져 햇빛이 잘 들지 않으니 '채소를 심은들 잘 될까'란 의구심에 쉽사리 손을 대기 어려운, 애매한 공간이었습니다.

그렇게 두 해를 흘려보낸 어느 날, 남편은 삽을 들었습니다. 잡초를 제거하는 데만 반나절 이상이 걸린 것 같아요. 온몸은 땀에 범벅이 되었습니다. 잡초를 제거하자 드디어 무언가를 심을 수 있는 땅의 모습이 드러났어요.

우리 가족은 흙을 보충하고 땅을 평평하게 한 후 벽돌로 텃밭의 울타리를 만들어 주었습니다. 응달에서도 잘 자랄 수 있는 상추와 깻잎을 가장 많이 심고, 고추와 가지 모종도 심었지요. 그렇게 방치되었던 '잡초 투성이 못난이 땅'을 우리 가족만의 귀여운 텃밭으로 만들어냈습니다. 무엇보다 채소가 하루하루 자라는 신기함과 경이로움, 열매를 따는 즐거움을 새롭게 느끼게 됐습니다.

이제는 집의 길목을 들어올 때마다 찌푸려지곤 했던 미간이 활짝 펴지고 있어요.

안녕,
나무야

어린 시절 동네 언덕 너머에 집이 하나 있었습니다. 지붕은 보일 듯 말 듯하고 나무로 빽빽하게 둘러싸인 집이었지요. 집을 둘러싼 나무들이 어찌나 모양이 근사한지 궁금함이 넘쳐 올랐습니다. 어느 날 밖에서만이라도 한 번 보자며 엄마와 함께 그 집을 찾아갔습니다. 집 자체는 몹시 작고 소박한 집이었지요. 집을 둘러싼 나무들은 오랜 세월을 몸소 간직하고 우뚝 서 있었습니다. 그 소박한 집은 세월을 가득 품은 나무들로 한결 가치가 높아 보였습니다.

엄마는 제게 "나무가 있는 집은 초라한 법이 없단다"란 말씀을 줄곧 하셨어요. 그 이후 낡고 아담한 집이어도 나무와 꽃이 가득한 집은 돈으로도 살 수 없는 가치를 지닌 집으로 보게 되었어요. 나무가 없는 집은 아무리 멋진 건축물이라 해도 제 눈엔 평범하게 보였습니다.

결혼해서 단독 주택에 살게 된다면 아이를 낳는 그 해에 아이의 이름을 딴 나무를 심으리란 야심찬 계획도 세워두었습니다. 그러나 불행히도 아직까지 단독 주택에서 살 수 있는 기회가 생기질 않았네요. 만약 제가 마당 있는 주택에서 신혼을 시작하였다면 지금쯤 아이의 나이만큼 세월을 간직한 나무를 바라보고 있겠다라는 상상을 하곤 해요.

봄과 초여름에 장미를 선물해주는
나무 아래에서

지금도 집을 새로 짓거나 기존의 집을 고쳐 살게 된다면 그 부지에는 꼭 큰 나무를 심겠다는 저만의 계획을 갖고 있습니다. 끌어안았을 때 두 손이 맞닿지 않는 굵은 몸통의 나무가 우뚝 서 있다면 그 존재만으로도 든든하게 의지할 수 있을 거란 생각이 들어요.

최근 혜화동 로터리에서 시작해 동네로 들어오는 큰 가로수들 대부분이 베어지는 엄청난 일이 있었습니다. 제게 혜화동 하면 떠오르는 이미지는 큰 플라타너스 나무들, 수도원과 수녀원, 골목의 오래된 벽돌 주택과 한옥인데 최우선 순위인 나무가 잘리는 상처는 생각보다 무척 커서 한숨과 화로 여러 날을 보냈지요.

그런 일이 있은 후 저희 집에서도 참으로 난감한 일이 벌어졌습니다. 강풍을 동반한 비가 한 차례 휩쓸고 가더니 집 앞 나무가 가지 무게를 못 이겨 앞으로 고꾸라진 것이었지요. 쓰러진 나무가 주차장을 가로막아 차가 나갈 수도 없는 상황이 되어버렸습니다. 주민들 또한 길을 가로막은 나무를 피해 다녀야 하니 불편하다 한마디씩 하셨지요.

결국, 나무를 자를 수밖에 없는 상황에 다다랐습니다. 주민들은 나무가 오래되어 벌레도 많다며 자르는 게 여러모로 좋다고 입을 모아 말씀하십니다.

강한 비바람에 내려앉은 나무 가지를 바라보는 아이들

나무를 자른다면 가장 큰 수혜자는 저희 집이었지요. 이 나무가 없다면 길의 폭이 넓어져 예전보다 좀 더 편히 차가 드나들 수 있고, 가을철에 낙엽을 쓰는 일도 줄어들 테니까요.

그렇게 나무가 잘린 날, 허전함과 슬픔, 죄책감이 밀려왔습니다. 잘린 나무 옆에서 첫째 아이가 한참을 쭈그려 앉아 있었습니다. "뭐 해?"라고 물으니 "엄마, 이 나무가 몇 살인 줄 알아? 서른여덟 살이야."라고 대답했습니다. 잘린 나무의 밑동을 보고 나이를 계산했나 봅니다.

나무가 주는 즐거움과 고마움이란 얼마나 큰 것일까요. 뜨거운 햇빛을 피할 수 있는 그늘을 만들어 쉼의 시간을 주고, 푸르름을 보여주고, 꽃을 피워주는 나무. 우리 가족의 포토존이 되어 주었던 나무. 손님이 오실 때도 기념 사진의 배경이 되어 준 나무. 가족, 친구, 지인 모두의 추억이 담겨 있는 나무였지요.

나무가 없는 길목은 여전히 적응되지 않아 자꾸 예전의 사진들을 들추어 보게 됩니다. 나무는 초라한 저희 집 외관을 가장 화려하게 꾸며준 존재였습니다.

'우리에게 넌 큰 기쁨이자 자랑이었어. 우리 가족 모두 널 정말 사랑했단다. 그동안 고마웠어. 안녕, 나의 나무야.'

등교할때마다 우린 이 나무아래에서 사진을
찍곤 했어요

그 집의 첫인상,
현관

집 현관문을 열었을 때 눈이 즐겁고, 멋스러웠으면 하는 소망을 늘
품었습니다. 그동안 살았던 집들의 현관 전실은 언제나 그렇듯 바닥
부터 천정까지 길게 짜인 수납장이 있었는데, 집의 첫인상이 신발장
과 수납장으로만 결정된다는 것은 왠지 재미없다는 생각이 들었습니
다. 그도 그럴 것이 여간 집이 큰 경우를 제외하곤 대부분의 집 현관
은 그저 신발장만 놓기에도 작은 공간이니까요.

저희 집은 크기에 비해서는 현관이 넓은 편이라 머릿속에 그려왔
던 현관의 모습을 구현할 수 있었습니다. 화병을 놓거나, 오브제로
분위기를 바꾸어주고, 과일이나 채소를 바구니에 놓아둘 수 있는 현
관이라면 행복하겠다라는 생각이 지금의 모습으로 짜잔 하고 실현된
것만 같습니다.

오른쪽 선선한 계절에는 과일을 냉
장고에 두지 않고 현관에 두면 보기
에도 좋고, 오가며 향과 풍미를 느
낄 수 있어요.

집에서 신경 쓰지 않고 무심코 지나칠 수 있는 공간을 제일 맘에 드는 장소로 바꾸어 놓았다는 것이 뿌듯함마저 안겨주네요.

매일 집을 나서고 들어올 때 '잘 있어', '다녀왔어'라고 인사를 합니다. 바깥일을 마치고 들어오면 제일 먼저 우리에게 인사를 하며 반겨주는 현관. 가족이 사는 한, 집의 모든 공간은 같이 살아 숨쉬는 생명체란 생각을 해요.

햇살이 주는
행복

넓고 컴컴한 집과 좁고 밝은 집, 둘 중에서 하나를 선택해야 한다면 저는 단연코 후자를 택할 것 같아요.

제게 집을 선택할 때 절대 포기할 수 없는 부분은 채광입니다. 햇살은 초라한 집도 아름답게 만들어주는 마법이랄까요. 아무리 좋은 집이라 해도 빛이 없다면 정말 중요한 것이 빠졌다는 느낌을 지울 수 없습니다.

얼굴에 직접 쏟아지는 햇살은 피하고 싶지만, 집으로 쏟아지는 햇살은 그저 가득 담고만 싶습니다. 아침의 햇살도, 오후의 햇살도 모두 좋지만 오랜 시간 내내 머물러 있는 햇살을 좋아합니다. 햇빛이 서서히 사라져가면 기분도 같이 가라앉게 되는데 마치 안고 있던 사랑스럽고 따뜻한 아기 고양이를 놓치는 느낌이에요. 창을 통해 들어오는 선물, 자연 햇살이 주는 기쁨은 따스함, 경쾌함, 행복 그 자체이지요.

정남향의 집, 맑은 날 온종일 들어오는 햇살은 빨래와 제 마음을 쨍쨍하게 비춰주지요.

햇빛이 오래 들 수 있다면 집을 더 사랑할 수 있다는 자신감마저 생깁니다. 햇살이 가득한 집은 따뜻하고, 모든 사물을 멋지게 비추어 줍니다. 식물도 햇살을 사랑하고 무럭무럭 자라는 모습을 보여주니 충만함이 더해지는 기분이 듭니다.

집을 고를 때 언제나 고집하는 것이 정남향, 혹은 남서향이지만, 우연히 동향의 집을 구경할 기회가 있었습니다. 저의 고정관념 속에 동향 집은 아침에만 반짝 환하고 온종일 어두컴컴한 집이었습니다. 실제로 동쪽으로 많이 기운 남동향 집에 살았을 때 채광의 부족함으로 전 그 시기를 암흑기라 부를 정도로 우울한 날들을 보냈어요.

그러나, 그 동향집은 앞뒤로 뻥 트여 있었고 서쪽에 큰 창이 있었지요. 동향이어도 시야의 트임, 남쪽 혹은 서쪽에 창이 크게 내어져 있다면 충분히 밝은 집일 수 있음을 알게 되었습니다. 다음에 집을 고를 기회가 주어진다면 남향, 남서향이 아니란 이유로 보지도 않은 채 보석 같은 집을 놓치는 일은 없겠구나란 깨달음이 또 하나 생겼습니다.

___

창문이 있는 화장실, 겨울을 제외하곤 환기
하기에 좋아요.

물려주고 싶은 것들

아이를 키우면서 저도 모르는 욕심이 날 때가 많습니다. 이러이러한 어른으로 커주었으면 하는 마음이 절로 드는 것이지요. 아이는 저와 다른 인격체이고 스스로 자라는 것을 알지만 혼자서라도 몰래 바라게 되는 부모의 마음은 어쩔 수 없네요.

책을 읽는 즐거움, 청소의 산뜻함, 아침의 클래식, 건강한 입맛, 아름다운 것을 알아보는 눈, 휘둘리지 않는 고요한 마음, 산책의 기쁨, 아닌 것을 아니라고 말할 수 있는 당당함, 확실한 취미생활 그리고 꾸준히 일기 쓰기 같은 목록들은 포기할 수 없는, 제 마음 속 유산 리스트입니다.

사십이 훌쩍 넘는 나이가 되어보니 작은 것을 소중히 여기고, 하나씩 꾸준히 실천해 나가는 사람이 대단한 사람이라는 것을 새삼 알게 되었습니다. 가진 것이 많은 데도 행복하지 않은 사람이 아니라, 가진 것이 없어도 행복한 사람이 되고 싶은 마음도 갖게 되고요.

자신의 시간에 충실하며 남과 비교하지 않고 스스로 만족할 줄을 아는 담백한 사람이 되는 것, 또 그런 어른으로 자라게끔 환경을 자연스레 만들어 주고 싶은 책임감이 불끈 솟습니다. 적어 놓고 보니 아이들에게 물려주고 싶은 것이 아니라 제가 붙잡고 싶은 것들이 더 어울리는 것 같군요.

늘 고민해야 하는 아이들의 간식은 심심하지만 건강한
자연식이었음해요.

주섬주섬 떨어진 꽃을 주어 만든 아
이의 황홀한 꽃팔찌

일기와
산책

대단한 이벤트나 특별함이 있어야 일기 쓸거리가 있다고 생각되는지 아이들은 "오늘은 쓸 게 없어요"라는 말을 자주 하곤 합니다. 심심한 하루여도 수십 가지의 감정이 오가는 시간을 보냈는데 말이지요. 24 시간이란 하루에 주어진 시간 동안 (물론 잠자는 시간을 빼야겠군요) 내 마음의 이야기, 사람이나 사물을 보며 느낀 점, 읽은 책의 내용 기록, 다신 이러지 말아야지 다짐 등등 얼마든지 이야기가 될 수 있다고 생각하는데 말이지요.

　심심한 하루를 보냈을지라도 짧게나마 메모를 하고, 글을 적다 보면 생각이 정리되고, 생각이 정리되면 하나씩 차곡차곡 해결해 나가는 성취의 기쁨을 알기에 일기 쓰기가 습관이 되기를 은근히 바라게 됩니다. 커서 읽는 어린 시절의 일기는 또 얼마나 큰 웃음을 줄까요. 지나간 것들을 쓱쓱 잘도 버리고 정리하는 저이지만 아이들의 일기장만큼은 버리지 않고 모아두어 그 시절로 돌아가고 싶을 때 언제든 꺼내어 주고 싶어집니다.

위, 아래쪽 골목 구석구석을 탐방하
듯 다닌 우리들

2019 년 4 월 13 일 토요일 · 날씨 맑은밤씨

제목 : 재미있는 하루

나는 오늘 목욕탕에 갔다. 나는 사실 목욕탕을
싫어한다. 왜냐 하면 뜨거운 탕에 오래있으면
현기증나기 때문이다. 어쨌든 갔다.
하지만 이번 목욕탕은 물온도도 적당하고
현기증도 나지않아 참 좋았다. 나는 탕이
크진 않았지만 마음껏 돌아다녔다.
정말 신났다. 사람이 별로없어서 이곳이
내 공간 같았다. 마치 풀려난 가축처럼 나는
신나게 돌아다녔다. 정말로 재미있는
목욕이었다. 우리 가족은 목욕을 끝내고
나와서 저녁으로 육회를 먹었다.
꿀맛이었다. 나와 동생은 신들린 듯이
먹어치웠다. 배가 터질것 같았다.
목욕과 육회는 참 잘어울린다.
재미있는 목욕을 하고 맛난 육회도 먹어서
기분이 좋았다. 재미있는 하루다.

PENPIA

60

아직 어린아이들이지만 습관이 되었으면 하는 또 한 가지는 '산책'입니다. 걷다 보면 매일 같은 풍경이어도 내 마음 상태에 따라 보이는 게 달라질 때가 많습니다. 기분이 좋을 땐 모든 것이 더 선명히 보이고 즐거운 기분에 콧노래를 흥얼거리며 발걸음이 가벼워집니다. 마음이 우울할 때 하는 산책은 마음을 차분하게 해주고, 복잡한 머릿속의 생각을 정리해주며, 따스한 햇살과 선선한 바람은 놀라운 자가 치료제가 되기도 합니다.

계절이 주는 즐거움을 느끼는 순간은 또 어떠한가요. 봄이 되어 파릇파릇 돋는 새싹의 생동감에 놀라운 탄생의 기운을 얻기도 하고요, 여름의 무더위를 피하기 위해 얼른 찾아 들어간 나무의 그늘에서 말할 수 없이 고마운 나무의 존재를 느끼기도 합니다. 가을이 주는 단풍의 놀라운 색채와 하얀 눈을 사박사박 소리내며 걷는 겨울 숲의 맛은 오롯이 혼자 간직하고 싶습니다.

아이들과 손을 잡고 같이 걷다 보면 그동안 알지 못했던 이야기가 술술 나오기도 하지요. 자신의 감정을 말과 글로 잘 표현하고, 걷는 산책의 즐거움을 놓치지 않는 사람, 몸과 마음이 건강한 사람으로 자라주었으면 하는 저의 바람이 아이들에게 꼭 전해졌으면 좋겠어요.

코코넛에게

거의 매일 편지를 받습니다. 편지라고 하기엔 장난 같은 쪽지이지만 주소와 받는 사람 이름까지 정확히 쓰여 있지요. 편지를 어떻게 접었는지 겉면에는 산타클로스도 있답니다.

> 오미, 건포도, 뽕자몽, 코코넛에게
> 안녕 오미! 쇼야!
> 오늘 저녁에 책을 읽어줘. 쎄쎄쎄도 하자.
> 내일도 재밌게 놀자!
> 내일 뭘 하고 놀면 좋을지 편지로 적어줘.
> 답장을 꼭 부탁해! 그럼 안녕!
> - 쇼금 -

아이가 불러주는 제 이름은 많기도 하지요.
늘 설레는 아이의 편지랍니다.

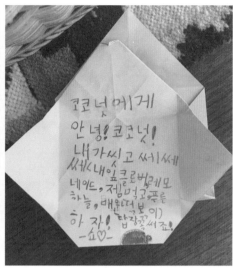

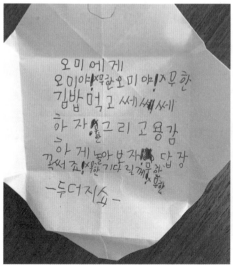

저에겐 아이들이 불러주는 애칭이 많습니다. '오미', '엄찌', '코코넛', '건포도', '뽕자몽' 등 아이들이 아니면 도저히 만들어 낼 수도 없는 귀여운 이름들이지요. 아이들 또한 자신의 이름을 본인이 만든 애칭으로 표현합니다. 가족이 아니면 알아볼 수 없는 외계어인 것이지요.

저는 키도 크고, 제법 덩치가 있는 편인데 아이들은 늘 "엄마는 너무 귀여워, 귀여워 죽겠어"란 말을 쉴 새 없이 합니다. 마흔 중반을 넘어선 나이인데 이렇게 귀여움을 받아도 되는 것인지 잘 모르겠지만 그럼에도 지금 아니면 이런 귀여움을 언제 받을까 하는 생각에 아껴두는 마음까지 생깁니다.

장난스러운 호칭으로 때론 '엄마인 나를 너무 우습게 생각하나'란 생각을 하기도 합니다. 친구 같은 엄마가 되고 싶기도 하지만 엄마다운 엄마가 되고 싶은 점도 있으니까요.

이렇게 매일 아이들이 귀여운 마음을 표현해주니 지치고 반복되는 집안일이 지겹다가도 아이들의 사랑으로 무럭무럭 하루하루 커나가는 기분이 듭니다.

이 글을 쓰는 지금 이 순간에도 아이는 제게 편지를 던져주고 갔어요.

개인 쟁반에 식사를 차려주면 흘리는 것을 걱정하지 않아도 되고, 치우기도 훨씬 편해요.

'이뻐 할머니'와
'채소 할아버지'

"안녕하셔요."

"이뻐! 애기 엄마가 이사와서 얼마나 좋은지 몰라, 정말 이뻐!"

제겐 언제나 인사를 하면 '이뻐'로 맞아주시는 뒷동 할머님이 계십니다. 할머니는 저희 작은 텃밭 뒷편에서 고추와 호박을 기르시는데 아침 물 주는 시간에 딱 마주쳤지요.

"할머니, 안녕하세요. 식물에게 물을 편하게 줄 수 있어서 좋으시겠어요."

"내 호스가 팔을 뻗치면 애기 엄마의 텃밭 끄트머리까지 물길이 가서 종종 이렇게 퍼주지." 할머니는 환한 얼굴로 호스의 물길이 어디만큼 가는지 보여 주십니다.

옆 동의 할아버지는 집으로 들어오는 길 담벼락에서 다양한 채소를 키우십니다. 담벼락에 줄지어 늘어선 빨간 고무 다라야 화분이라니, 그것도 들어오는 입구부터 보이는 빨간 화분은 솔직히 영 맘에 들지 않았습니다. 그러나 할아버지의 지극 정성으로 채소는 무럭무럭 자라고 있고, 그 성장을 같이 지켜보는 즐거움에 어느덧 고무 대야 화분의 미움은 신기함으로 변하게 되었지요.

채소 할아버지가 정성스럽게 키우시는 오이와 호박. 볼 때마다 눈이 휘둥그래집니다.

어느 날, 외출했다가 집으로 돌아오니 현관 문 앞에 신문지로 돌돌 말린 무언가가 무심히 놓여 있었습니다. 신문지를 펼쳐보니 그것은 할아버지께서 그토록 정성껏 키우시던 오이, 가지, 그리고 호박이었습니다. 할아버지의 채소 사랑은 저와 가족의 입까지 행복하게 해주었습니다. 예전엔 골목 구석구석까지 통이란 통은 죄다 모아 채소를 키우시는 어르신들을 이해하지 못했습니다. 그러나 그 사랑이 어떤 것인지, 얼마나 큰 행복감을 주는지 이제야 조금 알 것 같네요.

조금이라도 집의 외관을 깨끗하게 보이고 싶어 남편과 함께 낡은 시멘트 벽과 공용 계단을 페인트칠을 하던 날이 있었습니다. 동네 어르신들이 지나가시면서 한마디씩 해주시는 덕담에 몸 둘 바를 몰랐습니다. 뒷동의 뽀미 이모는 냉커피를 타주시고, 아래층 사모님께서는 수박 한 통을 사다 주시기도 하셨지요. 이웃 할머니께서는 볼 때마다 집을 이쁘게 해주어 고맙다고 말씀해 주십니다. 아파트에 살았다면 결코 경험할 수 없는 일들이었겠지요.

우중충한 회색 시멘트 계단을 흰 페인트로 칠해주니 말끔해졌어요.

내 작은 아랫방 이야기 :
Villa Plum

이 집을 선택한 첫 번째 이유가 '동네'였다면, 두 번째는 바로 집 차고에 딸린 이 특별한 공간 때문이 아닐까 하는 생각이 들어요. 낡은 연립주택의 차고에 딸린 방이라니 놀랍고 신기했습니다. 방은 대여섯 평 정도로 무척 작아 성인 두 명이 들어가면 꽉 차는 공간이지만 나의 또 다른 집이면서 따로 이용할 수 있는 점이 맘에 들었습니다.

제겐 이십 대부터 꾸어온 꿈이 있는데 그건 작은 숙소의 호스트가 되어 피곤한 여행객들에게 청결한 잠자리를 마련해 주는 것이었어요. '시간이 지나도 추억할 수 있는 그런 여행지의 숙소라면 얼마나 좋을까'란 생각을 했지요.

망설임을 거듭한 끝에 이사 오고 일 년이 지나서야 계획을 실행하게 되었습니다. 무언가를 결정하는 데 그리 시간이 걸렸지만 일단 마음을 정하니 일이 착착 진행되었습니다.

둘째 아이가 직접 물감으로 써준 빌라플럼 간판.

반지하 특성상 곰팡이와 습기가 가득 찬 아랫방을 벽, 마루, 단열 등 기초공사를 탄탄히 하고 전문가 도움을 받아 하나하나 손을 보니 놀랄 만큼 아늑한 방이 되었습니다. '한번쯤 자보고 싶은 방'이 된 것이지요. 이 방이 완성되었을 때 아이들의 소원은 틈만 나면 '아랫방에서 자보는 것'이 되었는데 게스트를 받고 난 후부터는 청소가 가장 중요한 업무가 되니 아이들에게 관대한 호스트가 되긴 어렵더군요.

작은 아랫방은 'Villa Plum'(빌라 플럼)이라는 이름으로 전 세계, 각 지방의 게스트들을 맞이하는 작은 숙소가 되었습니다. 이 조그맣고, 초라한 차고에 딸린 방에 누가 올까 고민하던 그 수많은 갈등을 '일단 해보고 안 되면 우리가 쓰면 되지'라고 맘을 먹으니 마냥 두렵지만은 않게 되었습니다.

그 초조한 준비 끝에 예약한 첫 손님이 오시던 날, 빨간 슬리퍼(십 년째 저의 전용 슬리퍼)를 신고 앞치마를 두른 채 뛰어나가 90도 인사를 하며 맞은 그 첫 순간을 절대 잊을 수 없을 것 같습니다.

잊지 못할 손님들과의 추억 또한 제 기억저장소에 꼭꼭 담겨 있습니다.

현관에서 바라본 Villa Plum, 침대를 놓을 수
없을 정도로 작아 요를 깔아두었지요.

키가 크고 호리호리한 여자분이 혼자 며칠을 묵었습니다. 이른 아침 '사장님 도와주세요'란 문자를 받았지요. 혼비백산해서 뛰어내려가 보니 손님이 배를 움켜쥐고 현관 문 앞에 나와 있었습니다. "무슨 일이신가요? 괜찮으신가요?" 물어보니 배가 아파 한숨도 잘 수 없었다고 했습니다. 얼마나 상태가 좋지 않은지 얼굴만 봐도 알 수 있었지요. 마침 일찍 문을 여는 동네 의원이 있었고, 그 손님과 함께 병원을 가서 진료를 받고 돌아왔습니다. 얼마나 고민을 하다 제게 연락을 했을지, 아픔을 참았던 그 밤이 얼마나 길고 힘들었을지 상상할 수 있었습니다. 손님이 떠나가고 남긴 후기를 보고 나서 제 입가엔 빙그레 웃음이 번졌습니다. 낯설고 아픈 밤을 따뜻한 기억의 날로 기록해놓은 마음에 행복했습니다. 그것이 제겐 힘이 되고, 보람이 되어 더 나은 호스트가 되겠다는 의지를 다졌습니다.

문을 연 후 한 달 만에 첫 외국인 손님이 찾아왔습니다. 파리에서 온 부부였는데 '프랑스 파리'란 그 이름만으로 전 제 20대 중반, 파리에서 보냈던 여행의 추억이 새삼 떠올랐습니다. 한국에 사업차 오게 된 부부라 일정이 빠듯했지만, 저와 함께 동네 산책을 함께 할 기회가 있었습니다. 장면 가옥을 둘러보고, 동네에서 가장 오래된 '동양서림'에서 장욱진 화가의 도록에 눈을 반짝이던 그들의 모습이 선합니다. 짧은 일정으로 숙박을 하는 손님과는 보통 같이 마주할 기회는 흔치 않은데, 그분들과의 시간은 제게도 무척 소중하고 진한 여운이 되었습니다.

빌라플럼 앞에서 청소를 도와주는 두 직원(박 과장과 박 차장)

위쪽 빌라플럼을 위해 따로 제작한 모빌(앞치마를 두른 사람은 저랍니 다^^)

아래쪽 빌라플럼의 주방 모습

스웨덴에서 온 젊고 귀여운 커플도 있었습니다. 사진 찍기가 취미인 남자분과 그의 뮤즈가 되어주는 아내분의 모습이 정말 이뻤습니다. 남자분의 키가 190센티 정도로 몹시 컸기에 '그 작은 방에서 어찌 지내실까' 하는 제게 걱정을 안겨준 커플이기도 했어요. '스웨덴에 가게 된다면 꼭 만나봐야지'란 즐거운 상상도 해본답니다.

제주에서 딸과 함께 찾아주신 모녀분도 기억이 납니다. 아이가 둘인데, 빌라 플럼의 최대 수용 인원이 두 명인지라 큰딸만 데리고 왔다 하셨어요. 사춘기 나이의 소녀가 그렇게 해맑고 엄마와 사이가 좋을 수 있다는 사실에 놀랐지요. 서로의 안부를 묻고, 걱정과 응원해주는 사이가 될 수 있는 것도 모두 '빌라 플럼' 덕분이지요.

'빌라 플럼'을 계기로 '머리만 굴리지 말고, 꿈꿔오던 일은 미루지 말고 일단 해보지 뭐'라는 생각이 굳어졌어요. 늘 오래 고민하다 결국 하지 않는 방향으로 흐지부지 마무리되던 저의 결단력과, 결혼 후 솥뚜껑 기사를 자청하며 낮아진 자존감이 바뀐 것은 제 인생의 가장 놀랄 만한 변화가 아닐까 싶어요.

II.

산책
이야기

주택가로 이사를 온 후 동네 산책을 시작했습니다. 아파트 생활에 익숙한 제게 다양한 모습의 주택들은 신선하게 다가왔습니다. 가슴은 뛰고 동공이 커지는 산책을 하면 참으로 행복합니다.

매일 매일 눈에 담는 동네의 모습을 행여라도 잊을까, 그 모습을 저장하고 싶습니다. 1980년대 이전의 집들은 사람의 손때가 가득 묻어 있습니다. 각각의 개성이 살아 있는 그만의 분위기는 꽤나 매력적이지요.

옛 창의 모습, 대문, 집의 형태만 보아도 집 주인의 취향을 바로 알 것만 같습니다. 매일의 산책이 기록이 되고, SNS에 올린 사진과 글은 다른 사람들로부터 공감을 조금씩 얻게 되었습니다.

저와 같은 동네에 대한 추억을 간직한 분들, 이 동네 학교를 나와 옛 학창 시절 기억이 난다는 분들, 해외에 있지만 저의 동네 사진을 볼 때마다 눈물이 날 정도로 그립다는 분 등 참으로 많은 사람들이 집과 동네의 추억에 깊숙이 머물러 있음을 알게 되었지요.

그것은 제게도 어렸을 적 옛 집에 대한 기억을 불러왔고, 분명 지금보다 살기에 불편한 집이었는데도 유쾌한 기억만 남아 있는 것도 참으로 감사한 일입니다.

걸으면 보이는
것들

"엄마, 이것 좀 보세요"

어느 겨울날 동네 산책을 하던 중 큰 아이가 손으로 가리켰어요. 눈 위의 새 발자국이었어요.

사랑스럽다는 말로는 부족해 연신 감탄사를 내뿜으며 사진을 찍었습니다. 새 발자국이 끝나는 지점에서 하늘을 올려다보니 멋진 새 둥지가 있었어요. 군데군데 떨어져 있는 나뭇가지들도 있었는데, 집을 짓다 흘린 자재들이겠지요.

가장 훌륭한 건축가를 새라고 생각하는 제게 높은 나무 위에 있는 새 둥지를 지켜보는 것은 잘 지은 주택을 보는 것만큼 흥미롭습니다. 걷지 않으면 도저히 볼 수 없는 귀한 것들이지요.

언제부터 걷는 것을 즐기게 되었을까 생각해보니 아파트에서 주택가로 이사 온 그 즈음인 것 같습니다. 단조로운 동선이 예상되는 아파트 단지와는 달리 주택가 골목 풍경은 재미 그 이상이 있습니다. 아이들과 같이 걷다 보면 도저히 발견할 수 없던 부분들을 다시 보게 되는 경우도 무척 많습니다. 어른의 관점과 아이의 관점은 정말 다르니까요.

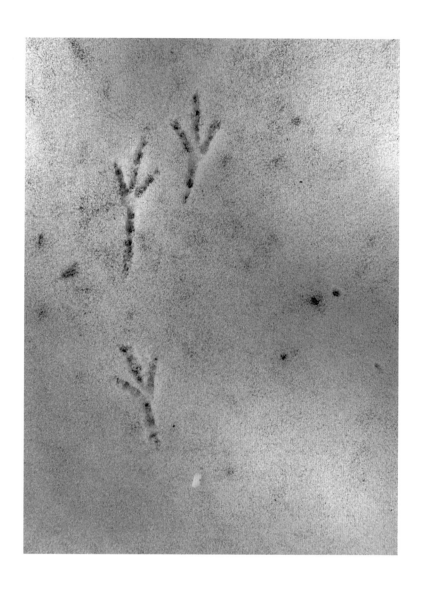

아이가 알려준 새 발자국, 살포시 내린 눈 위에 선명히
자리 잡았어요.

골목을 돌아 마주치는 주택의 정겨움, 길고양이가 어디서 불쑥 나오기도 하고, 특히나 옛것이 여전히 남아 있는 고풍스러운 동네라 보는 재미는 더 하고요. 오래된 흔적이 보고 싶어 또, 궁금해서 걷다 보니 어느새 전 산책을 즐기는 사람이 되어 있었습니다. 걷다 보면 계절을 온몸으로 느낄 수 있고, 무거운 고민도 걸으면 점점 희미해져 걷는 자체에 집중하게 되지요.

동네 뒷산에 올라가면 참으로 다채로운 사계절을 맛보게 됩니다. 봄에는 갓 피어나는 연두 새싹의 기쁨을, 여름엔 초록의 싱그러움을, 가을엔 주황빛 황홀함을, 겨울엔 화이트 크리스마스를 꿈꾸게 하는 낭만을 선물해주지요.

어렸을 땐 계절은 당연히 돌아오는 것으로 생각하고, 각 계절이 선사하는 낭만을 느끼지 못했습니다. 시간이 흘러 산책과 각 계절의 향을 맡는 것을 비로소 즐기게 된 걸 보니 나이가 들어간다는 게 결코 슬픈 것만은 아니란 생각이 드네요.

정겨운 성북동의 풍경들

옛 창의
멋

"아! 어쩌면 좋아"

저도 모르게 또 감탄의 말이 튀어나와 버립니다.

옛 창들은 비슷해 보이지만 자세히 보면 각각의 개성이 있고, 멋스러움과 미학이 묻어있습니다. 고유의 독특한 문양과 그 집의 시간을 말해주는 옛 창은 언제나 산책길의 제 발목을 오래 붙잡습니다.

창을 바라볼 때 현재 그 집에 거주하는 분과 혹시 눈이라도 마주치면 어쩌나 싶어 조마조마해지지만 셔터를 누르지 않고는 참을 수 없는 창의 매력에 헤어 나올 수가 없습니다.

설사 집의 주인분과 눈이 마주치더라도 뻘쭘해 하거나 아닌 척하지 않고 "창문이 너무 예뻐서 기록하고 싶었어요. 정말 멋진 집에 사시는군요"란 멘트도 준비해 두었습니다.

옛 창을 유심히 보다 보면 '옛사람들에겐 좀 더 특별한 미적 감각이 있었던 것일까'란 의문이 들기도 합니다. 아마도 인건비가 저렴했던 예전에는 모든 것을 수공으로 이루어 내었으니 이런 작품 같은 창들도 가능했던 것이겠지요.

제각각 다른 창의 모습들. 저는 창 수집가가
되고 싶어요.

매번 휴대폰으로 산책의 풍경을 찍지만 언젠가는 큰 카메라로 마음에 드는 창을 멋지게 찍고 싶습니다. 옛 창의 사진을 집에 걸면 집 안에 공사 없이도 창 하나를 낼 수 있지요. 그 사진을 보는 것만으로 옛 향수와 그 너머의 풍경을 집에서도 상상할 수 있겠지요.

오래된 동네에 살다 보니 박물관에 수집해도 아깝지 않을 창들을 맘껏 볼 수 있는데요. 그 덕분에 마음이 풍요로워집니다.

오른쪽 건축가 승효상님의 작품이자
갤러리 공간인 '성북동 오래된 집'

낡고 오래된 것의
아름다움

언제부터 낡고 오래된 것을 사랑하게 되었을까? 생각해보니 초등학교 시절로 거슬러 올라가네요.

그 시절 엄마는 고가구를 좋아하셔서 집에는 오래된 가구들이 제법 있었습니다. 손님들이 집에 놀러 오면 예쁘다는 말로는 부족한지 자꾸 엄마에게 팔 것을 요청하곤 하셨어요. 집을 변화시키기 좋아하는 엄마는 원하는 지인에게 가구를 팔고, 또 다른 가구나 소품을 들이셨죠. 한두 번 순환이 되자 자연스레 집에서 고가구와 소품을 다루게 되셨습니다. 저는 학교에서 돌아오면 '오늘은 또 뭐가 바뀌어 있을까?'하고 두근거리기도 했어요.

어린 시절 엄마와 함께 서울 장안평 고가구점이나 답십리 고미술 상가에 자주 갔습니다. 함지박과 떡살, 현관 입구에 화분을 놓아두셨던 구유통, 나즈막한 거실 한켠의 통원목 의자 그리고 서랍이 몹시 많은 한약방의 약장 등 집안 곳곳을 빛내주던 그 오래된 친구들이 떠오릅니다. 그 시절 집의 풍경을 사진에 많이 담아 놓았더라면 얼마나 좋았을까 아쉬움도 들어요.

왼쪽 서울 동대문구 답십리 고미술　**오른쪽** 그 자체가 예술 작품인 자수
상가에서 본 오래된 그릇들　베개들

역사 깊은 동네에 살다 보니 귀한 옛 흔적들을 자연스레 볼 수 있게 되었습니다. 대문과 창틀, 개성이 살아 숨쉬는 집의 건축양식까지 볼 때마다 감탄을 금할 수 없습니다. 최신 기법으로 멋을 낸다 해도 따라 할 수 없는 시간의 멋을 간직한 것들이지요.

옛 것은 흉내 낼 수 없을 정도로 자연스러우면서 정교하고, 사람의 정성이 가득한 향이 묻어납니다. 시간의 이야기를 담고 있는 것들은 그 힘이 강합니다.

오늘도 산책길에서 제 눈에 담긴 것은 모두 낡고 오래된 것들입니다.

성북동의 어느 한옥집. 옛 기억을 고스란히 간직한, 손대지 않은 창살과 돌바닥에서 아름다움이 느껴져요.

하루하루가 다른
혜화동 산책

편한 옷차림으로 집에서 바로 시작되는 발걸음을 좋아합니다. 딱히 어디를 간다는 목적지도 없습니다. 그때그때 눈과 머리가 원하는 곳으로 발은 움직이게 되지요. 매일의 동네 산책은 계속 새롭거나 입이 벌어질 만큼 멋지고 근사한 것은 없지만 나름의 소박한 멋이 있습니다. 두 갈래 골목 갈림길을 만나면 잠시 머뭇대다가 때마다 자연스럽게 마음이 정해집니다. 내일은 또 다른 쪽을 산책하면 되니까요.

시끄럽지 않으며 조금씩 변화가 있는, 그러면서도 익숙함과 편함이 있는 동네의 모습이 좋아요. 계절별로 꽃과 나무가 변하면서 어우러진 집들이 있고, 작게라도 정성껏 돌보는 자기만의 화단들이 보는 눈을 즐겁게 합니다. 매일 아침 열심히 동네를 쓸고 계신 할아버님이 계시고, 뒷산 고양이 급식소에는 누군가 갖다 놓은 사료와 깨끗한 물그릇이 고양이를 기다리고 있습니다. 한양도성 성곽에 올라 내려다본 동네는 그 어느 핫 플레이스를 다녀온 기쁨과도 견줄 수가 없네요.

혜화동 한양도성 성곽길을 걷다 성북동으로
이어지는 작은 성문 앞에서

헐리기 직전 어느 혜화동 주택의 마지막 모습. 붙박이 찬
장, 미닫이 옷장, 조명 등 시간의 아름다움을 간직하고
있는 집이었어요.

산책의 즐거움을 안겨준 동네인데 요즘 들어 가장 속상한 일은 근사한 세월을 간직한 멋진 주택들이 철거되는 모습을 자주 보게 되는 것이에요. 집이 무너지는 광경을 보면 그 집의 주인도 아니면서 굴착기가 제 심장을 후벼 파는 듯 고통을 느낄 때가 있습니다.

한번은 평소 눈여겨보던 아름다운 저택이 곧 헐린다는 정보를 듣곤 바로 달려갔습니다. 어차피 내일이면 부서질 집이니 봐도 좋다는 공사 관계자분들의 양해로 들어가 보게 되었지요.

놀랍게도 많은 세간살이가 그대로 남겨져 있었습니다. 아마도 오래된 것이라 더 이상 쓰지 않게 될 생각에 버리고 간 것이겠지요. 나무 천정과 벽, 지그재그 마루바닥, 그리고 지금 보아도 몹시 멋진 주방 찬장과 방안의 장롱들, 천정등, 대나무 숲이 연상되는 나무 계단 펜스, 나무 문틀과 그 안의 유리창 등등 하나도 빠짐없이 안고 나오고 싶을 만큼 애착이 갔습니다.

지하 주차장에는 마치 가우디 양식처럼 조각조각의 타일이 붙어져 있었습니다. 예술미가 넘치는 차고벽은 단순히 집의 일부가 아닌 작품으로 느껴졌어요. 그 멋진 집을 눈에 담곤 잠을 이루지 못하였는데 바로 다음 날 그 집은 폭탄을 맞은 듯 허물어져 있었습니다.

보존되었으면 하는 주택이 지금은 다세대 빌라나, 공동주택으로 바뀌고, 그 멋진 정원의 나무들이 흔적도 없이 사라지는 것은 이루 말할 수 없는 상실감을 안겨줍니다. 철거 전 아름다운 주택을 사진으로 남겨놓고, 다른 건물이 들어섰을 때 이전의 기록을 꺼내보곤 합니다. 바뀐 건물이 들어서도 그 전의 주택 모습을 떠올리며 그리움을 마음 한 쪽에 간직하고 싶어요.

꿈꾸는
나의 집을 찾아서

한 뼘 마당이라도 갖고 싶은 마음에 동네의 주택을 알아보았습니다.

부동산 사무소에 가서 가능한 예산을 말씀드리자, 여든에 가까운 부동산 사장님은 한참 동안 고개를 갸웃거리시더니 알아볼 수 없는 글이 빼곡히 적힌 너덜너덜한 수첩을 들춰내 뒤적거리셨어요. 사장님께서 소개해주신 집은 언덕 꼭대기에 있는 집이었어요. 그래도 주차를 할 수 있는 이 구역의 유일한 집이라고 강조해서 알려주시더군요.

또 다시 보여주신 어떤 집은 대지 지분이 많아 누릴 수 있는 공간이 제법 컸지만, 골목길 끝 집이라서 차가 들어갈 수 없었습니다.

고민이 많이 되었습니다. 풍경처럼 펼쳐진 멋진 뷰를 좋아하지만 언덕을 오르기는 싫고, 골목길의 낭만을 누리며 살고 싶지만 차를 포기할 수는 없고. 단독주택의 꿈은 이렇게 또 멀어져만 갑니다.

삐걱 소리가 나는 원목 계단마저 멋
스러운 오래된 집

'그동안 참 편한 것에 길들여져 살았구나' 하고 생각했습니다. '누리던 것을 포기하며 살아야 하는가'라는 문제로 머리를 싸매고 고민하며 양쪽 모두 손에 쥐고 싶어 하는 저의 모습이 무척 못난이같이 느껴집니다.

　　가족 공동체를 이루고 살면서 저의 취향만 강요하고 살 수는 없으니 이러지도 저러지도 못하는 이 마음의 갈등은 언제 해결될 수 있을까요. 그럼에도 여전히 '마당이 있고 큰 나무 한 그루가 심어져 있는 나의 집은 어딘가에 있을 거야'라며 희망의 불씨를 간직해 봅니다.

어스름한 오후의 성북동 풍경

골목의
대문들

동네 산책을 하다 보면 주택 대문을 가장 먼저 보게 됩니다. 대문의 색상, 문패, 그리고 집 앞 화단의 모습으로 집 주인은 이러이러한 사람일까 홀로 상상하지요. 기억나는 몇몇 집들은 하나같이 손길이 더 닿은 모습들이었습니다.

제가 현재 살고 있는 연립주택에는 공동 대문이 없습니다. 그러다 보니 무심코 들여다보는 외부인도 눈에 띄고, 슬쩍 주택가 안의 골목길에 주차하는 사람들도 있지요. 대문이 없다 보니 공간을 구분해주는 안정감이 얼마나 필요한 것인지도 알게 되었습니다.

흔한 우편함 대신 이쁜 바구니를 걸어 놓은 집, 대문 양 옆의 기둥에 타일 조각을 붙여놓아 작품이 되어버린 주택, 낮지만 단단한 힘이 느껴지는 문, 미적인 대문색으로 집 주인의 직업을 짐작하게 하는 문 등 각 집의 개성 있는 대문을 보는 즐거움이 참으로 쏠쏠합니다.

오늘도 여전히 멋진 대문 앞에서는 발길이 머무는군요. 대문은 가장 먼저 마주하게 되는 매력적인 집의 얼굴임에는 틀림없는 것 같아요.

북정마을
식물 요정

어스름한 오후, 할머님께서는 열심히 물을 주고 계셨습니다.

물을 골고루 텃밭 채소와 꽃에 주신 후 할머님은 옆으로 몇 발자국 걸음을 옮겨 그네를 방긋 웃으며 타셨습니다. 홀로, 유유히, 자유롭게 말이지요. 그 모습이 너무나 아름다워 "할머님, 넘 이쁘셔요."하고 말을 건넸지요. 식물의 요정을 만난 것 같았습니다.

북정마을은 성북동의 높은 언덕에 있는 소박한 마을입니다. '서울에 이런 곳이 있나?' 눈을 비비고 다시 보게 하는 놀라운 곳이지요. 만해 한용운 선생님이 살았던 '심우장'도 이 마을 안에 있습니다. 북정마을의 정상에서 바라보는 성북동과 그 일대를 눈에 담는 것이 제 산책의 백미였다고 감히 말하고 싶습니다. 여전히 사람들이 옹기종기 모여 사는 곳, 때가 묻지 않은 곳, 옛 서울의 모습을 많이 간직하고 있는 이 마을은 제겐 너무도 아름다운 곳입니다.

누군가는 북정마을을 서울의 마지막 남은 달동네라 하고, 누군가는 세월을 간직한 옛집들을 다 부수고 비버리힐즈 같은 고급 타운 하우스촌으로 탈바꿈할 거라 합니다.

이 풍경을 다시 볼 수 없다고 생각하면 벌써부터 눈시울이 시큰해집니다. 이곳에 사는 분들의 삶이 결코 초라하지 않았다고, 작은 땅도 헛되이 놀리지 않고 바지런히 사는 아름다운 삶을 보여주셔서 정말 감사하다고, 작지만 깊은 제 마음을 전해드리고 싶어요.

날이 어두워지자 노오란 불빛이 하나둘씩 켜집니다. 현실이 아닌 그림으로 전환되는 풍경 같습니다.

여름의
새벽 산책

살짝 쌀쌀한 새벽 공기의 기운을 느끼며 시작하는 골목길 산책은 상
쾌한 아침 공기에 기분도 같이 들뜹니다. 여름 산책은 이른 아침에
시작해야 합니다. 7시만 되어도 후덥지근해지기 때문이지요. 사람이
없는 호젓한 길을 걷는 한가로움에 동네의 나무와, 꽃, 채소에게 인
사하고 더욱 그들에게 집중하게 됩니다.

　동네 어르신들은 모두 원예학과를 나온 것일까요? 정성으로 키운
집 앞 화단의 꽃과 채소는 반짝반짝 빛나고 한껏 아름다움을 뽐냅니
다.

　아무리 소박한 집이라도 식물이 있는 집은 초라한 법이 없고, 언
제나 풍요로움이 느껴집니다. 이 진리를 동네 산책을 하며 깨우칩니
다. 조금이라도 땅을 놀리면 직무유기란 생각이 들게 해준 이 아름다
운 혜화동을 어찌 사랑하지 않을 수 있을까요.

6월 6시의
장미덩굴

계절마다 아름다운 모습을 보여주지만 장미의 계절인 오뉴월 산책은
눈이 즐거워 어찌할 줄 모를 정도입니다. 아침 식사를 준비하기 전의
오전 6시 경이나, 저녁 식사를 준비해야 하는 오후 6시경은 산책하기
에 가장 좋은 시간이지요. 덥지도 춥지도 않은 계절, 선선한 바람이
부는 하루의 시간은 제 마음을 두근거리게 합니다.

주택 담장을 수 놓은 장미의 아름다움은 언제나 발을 멈추게 합
니다. 그 집을 들어가지 않고도 이런 이쁨을 밖에서 함께 공유할 수
있으니 얼마나 고마운 존재인가요.

연애 시절 특별한 날 선물로 으레 장미꽃 선물을 준비하던 남편
에게 '흔한 빨간 장미꽃 말고, 파스텔 톤의 이러이러한 꽃들로 골라
줘요'라고 요청했던 적도 있었지요. 그러나 장미가 결코 흔한 아름다
움이 아님을 골목 산책에서 새삼 느끼게 되네요.

아이와 어느 집 담장의 장미꽃이 가장 이쁜가 하고 찾아다니기도
하고, 다른 색의 장미가 있으면 보물 찾기 쪽지를 발견한 듯 눈이 동
그래집니다. 한옥 기와지붕과 장미 덩굴은 또 얼마나 기막힌 조화인
지 그 아름다움을 언제나 눈에 지그시 담아 옵니다.

작품으로 불리는
건축물의 발견

"건축하시는 분이신가요?"

"아니요, 이런 건축물을 보는 것을 좋아해요."

"입을 벌리고 좋아하시는 모습을 보니 안내해 드리고 싶네요."

서울시청 길 건너편에는 '대한성공회 서울주교좌성당성공회 교회'가 있습니다. 교회 안으로 들어서는 순간 내가 유럽의 성당에 온 것이 아닌가 착각이 들 정도로 이국적이고, 매력적인 곳이지요.

하루는 이 건축물이 주는 놀라움과 경이로움에 입을 벌리고 구석구석을 살펴보고 있었습니다. 그 모습을 보고 제게 성당의 곳곳을 보여주신 분이 계세요. 교회 원로 신부님이셨지요. 은퇴한 신부님은 친히 이 교회의 역사는 물론, 일반인은 잘 모르는 장소까지 제게 세세하게 알려주셨어요. 입을 다물 수 없는 아름다움을 사진에 모두 담을 수가 없었습니다.

대한성공회 서울주교좌성당

왼쪽 대한성공회 서울주교좌성당 의 외부창 모습

오른쪽 서울주교좌성당 내부. 아래층 으로 이어지는 회오리 계단의 모습어설픈 감각은 용납치 않은 위대한 건축가들의 작품은 절로 고개를 숙이게 합니다. 건물 전체가 기도하는 손 모양을 한 교회도 있지요. 서울 장충동에 있는 '경동교회'는 외관도 흠잡을 데가 없지만 내부에 들어서는 순간 숨이 멎을 듯합니다. 외부의 벽돌 계단은 신에게 다가가는 길을 의미하는 듯합니다. 숭고하고, 진정한 아름다움은 무엇인가 질문을 던져주는 듯하지요.

서울 대학로 마로니에 공원의 중심에 있는 붉은 벽돌 건물의 '아르코 미술관 및 소극장'은 질리지 않는 세련됨과 편안함을 주어 사람들이 모이는 장소가 되었죠.

운 좋게도 지척에서 그들의 흔적을 발견하고 보는 기쁨은 말할 수 없이 큽니다. 시간이 흘러도 변치 않는 귀한 아름다움을 보여주는 건축가들의 작품을 스쳐 지나가는 일상에서 발견하는 기쁨은 제겐 고마움과 존경 그 이상의 감정이랍니다.

김수근 건축가 작품인 장충동
경동교회 내부

살아 숨쉬는
시장을 즐겨요

기분이 가라앉고 의욕이 떨어질 때는 시장 나들이를 가곤 합니다. 시장은 언제나 사람들로 북적이고, 각종 계절과일과 먹거리가 넘쳐납니다.

저는 집에서 가까운 광장시장을 잘 가곤 하는데 코로나 바이러스가 유행하기 전에는 이곳에서 가장 많은 인종을 보고, 다양한 언어를 듣게 되었던 것 같아요. 세계 어디를 가나 시장만큼 재밌고, 생기 넘치는 곳은 없으니까요.

시장에서 파나 마늘, 고구마순 등을 열심히 다듬고 계신 할머님들을 뵈면 편히 먹을 수 있도록 손질해 주신 감사함을 지나칠 수가 없게 됩니다. 열심히 일하시는 모습을 보면서 '내가 그동안 참 많이 나태했구나'하고 반성을 하는 한편, 게으르지 말 것, 열심히 살 것, 부지런할 것 등등의 다짐을 하게 됩니다.

두 손 가득 짐을 들고 있어도 버스 정류장 옆에서 화분을 파시는 할머님을 지나칠 수 없어 "저거 주세요"란 말이 불쑥 나와버립니다. 쉬는 손가락 하나 없이 무겁지만 며칠 동안 저와 가족의 입맛을 돋워줄 식재료를 충분히 준비했다는 뿌듯함 때문에 발걸음은 몹시 가볍습니다.

현지인의 일상을
느끼는 여행

여행을 무척 좋아합니다.

다른 것은 다 아껴도 여행을 떠날 경비만큼은 아끼지 말고 떠나고 싶을 때 떠나자란 생각을 갖고 있어요. 여행은 가족 모두 같이 즐길 수 있고, 같은 추억을 공유할 수 있어서 경험을 쌓는 데 드는 돈에는 인색하게 굴고 싶지 않은 마음이지요.

후다닥 다녀오는 것이 아닌 조금이라도 오래 머무는 여행을 더욱 좋아합니다. 숙소는 깨끗하고 아름답지만 보다 경제적인 곳을 선택하려 애를 쓰지요. 가령 2박 가격으로 4박을 머무를 수 있는 숙소를 찾는 거죠. 마음에 들면서, 가격도 착한 숙소를 고른다는 것은 시간과 공이 무척 많이 들어가는 어려운 일이랍니다.

그렇게 아이들을 데리고, 비행기를 타거나 장시간 운전해서 떠난 여행지는 다시 일상이 함께하는 하루가 됩니다. 숙소 근처 마트나 시장에서 먹을거리를 사고, 그 동네 주변을 탐색합니다. 반드시 찍고 와야만 하는 관광지, 명물, 머스트 해브(must-have) 아이템들은 우선순위에서 뒤에 둡니다. 이런 것들을 해야 된다는 마음으로 분주하게 되면 여행의 반짝이는 소중한 순간을 놓치게 될 거란 생각을 해요. 동네 공원의 심심한 놀이터에서 그네를 탔던 기억, 수형이 몹시 근사했던 큰 나무를 보며 모두 동시에 "와"하고 탄성을 질렀던 그날의 기억들은 지금도 눈을 감으면 몽글몽글 떠오릅니다.

하와이 코나지역에서 머무른 민박집

해외여행을 갈 때도 각자의 책은 꼭 챙깁니다. '한 권만 더' 하면서 가져가는 책이 늘어나면 무게 부담이 생기기도 하지만 비행기 안에서, 차 안에서, 숙소에서 한적하게 책을 읽는 그 시간 자체가 여행의 일부분이라고 여겨요. 책이 술술 읽히기도 하고요. 하와이 여행 중에 아이들이 숙소 소파에 누워 빈둥거리며 책을 읽던 모습이 여행을 통틀어 가장 기억에 남는 순간 중의 하나입니다. 잔잔한 하와이 음악을 들으면서 말이죠.

강렬한 여행의 기억으로는 이탈리아 여행을 빼놓을 수 없습니다. 힘든 기억이 참 많았던 곳이기도 했지요. 아이와 여행을 하다 보면 인내할 일이 많은데 그 최고봉이 아니었나 싶어요.

전 세계의 모든 사람을 여행 기간에 다 만난 것 같은 생각이 들 정도로 관광객이 참 많았습니다. 핫스팟을 찍고 다니는 여행은 체질이 아님에도 이탈리아는 볼 곳이 너무나 많아 추리고 추려도 하루에 두세 군데는 가야 했지요.

여기저기 사람에 치이고, 끊임없이 줄을 서야 했고, 수시로 교통수단을 바꿔 타야 했어요. 이런 여행이 쉽지 않은 아이들과 함께 다니다 보니 여행의 즐거움은커녕 얼굴에서 미소가 점점 사라져 갔습니다.

모두가 지쳐갈 때쯤 이탈리아 토스카나 지방의 농가에 도착했어요. 그곳에서 지낸 3일은 저희 가족의 기억 속에서 가장 반짝이는 시간이 되었습니다. 벽난로가 있었던 숙소 앞 계단에 늘 저희를 기다려주던 레오와 발루 그리고 루소(개와 고양이의 이름입니다), 매일 아침 맛보았던 정성스러운 이탈리아 가정식, 그리고 끝없이 펼쳐진 올리브 나무, 거위 모형인 줄 알았는데 뒤뚱이며 움직여 깜짝 놀랐던 일. 여행의 추억은 지금도 저의 기억저장소에 불을 밝혀주어 일상의 반복으로 힘든 순간이 올 때마다 스위치를 켜주어요.

시장 구경을 하고, 숙소 인근의 동네를 산책하고, 그 지역의 맛난 음식을 먹어보고, 근처 공원과 도서관에서 한숨을 돌리며 여유를 맘껏 부려보는 데서 여행의 즐거움을 얻습니다.

'이러려고 여기에 왔구나'란 안도감과 새로운 풍경, 사람을 보는 즐거움은 얼마나 큰 것인지요?

신종 코로나 바이러스가 좀처럼 잡히지 않고 장기화되면서 이제 해외여행은 마치 흘러간 꿈처럼 아득하게 느껴집니다. 과연 다시 하늘길이 열리고 예전처럼 여행할 수 있을까요? 만약 우리 가족이 하와이와 이탈리아 여행을 경비가 많이 든다고, 아이가 아직 어리다고 미루었다면 이런 추억을 간직할 수 있었을까 생각하니 더더욱 경험이 주는 값진 여행의 가치에 대해 다시 확신하게 되었어요.

이탈리아 토스카나 지방의 민박집

왼쪽 하와이 호놀룰루 주택가에 있
는 한 공원에서 그네를 타는 아이들

오른쪽(위) 이탈리아 밀라노에서
머무른 민박집에서

오른쪽(아래) 하와이 빅아일랜드에
있는 '텍스 드라이브 인(Tex drive
in)'에서 파는 '말라사다'

친정이 되어버린
제주

결혼 전, 제주의 한 직장에 면접을 보고 합격을 했었습니다. 제주도가 너무 좋아 혼자라도 살고 싶은 마음에 내려가 살겠다고 고집을 부렸지요.

나이가 꽉 찬 결혼 적령기의 딸이 결혼은 생각도 하지 않고 제주에 내려가겠다고 하니 부모님께서는 걱정이 되셨는지 가더라도 결혼 후에나 가라며 성화셨죠. 결국 마음을 접게 되었고, 아쉬움의 여운은 꽤 오랫동안 절 힘들게 했습니다.

그만큼 좋아하는 곳이기에 틈만 나면 제주행 티켓을 끊어 떠날 준비를 하곤 합니다. 마음이 답답하고 울적해도 푸른 바다와 곳곳의 숲, 오름 등을 보고 거닐면 자연이 주는 위로에 어느새 환한 마음이 되니까요.

제주에 가면 저희 가족은 늘 독채 농가민박에서 묵습니다. 아이들이 맘껏 떠들 수 있고, 마당이 있는 작은 집의 즐거움을 만끽하고 싶기 때문이죠. 어떤 숙소는 아침에 일어나 거실 창을 바라보니 고양이 7~8마리가 동그랗게 눈을 뜨고 저희를 바라보고 있었습니다. 맞바람 치는 시원한 거실에 누워 흔들리는 커튼을 멍하니 바라보며 여름의 맛을 느낀 순간은 제겐 긴 영상으로 남아 있습니다.

'팔월의 라' 민박집에서 (지금은 이름이 '일월의 미' 민박
집으로 변경되었습니다.)

한번은 '제주공항과 가까워 비행기 소음이 있고, 에어컨이 없음'이란 주의 사항이 있음에도 저렴한 가격에 홀려 민박집을 잡았습니다. 그해 여름은 유독 더웠는데 밤이 되어도 열기가 사라지지 않아 그 집 옥상에서 자려고 했어요. 집 안 보다는 시원한 공기에 웃으며 돗자리 위에 눕는 순간, 살이 데일 만큼 뜨거운 옥상 시멘트 바닥에 놀라 후다닥 옥상을 내려왔지요. 여름에 온돌에서 잘 수는 없다며 깔깔 웃었습니다. 이열치열로 '우리 라면 먹을까'라며 마당에서 한 여름밤의 더위를 친구 삼아 보글보글 라면 야참을 먹던 그때가 생각납니다. 여행에서는 좋고 멋진 기억보다는 고생한 기억이 훨씬 강렬하게 남는 법이니까요.

제주에서도 유명 관광지를 따로 찾지 않고 머물고 있는 숙소의 동네에서 산책을 합니다. 그래서 하루만 묵기보다는 여러 날을 한 지역에서 시간을 보냅니다. 마을 산책을 하다 보면 제주의 오래된 가옥, 양옥집, 새로 지은 집 등 다양한 집의 형태를 보게 되는데 어우러지는 풍경 자체가 아름다우니 더 예뻐 보입니다.

특히 안거리와 밖거리로 거주와 동선을 구분해놓은 제주의 구옥들은 참 지혜롭다는 생각을 하게 됩니다. 농사 수확물을 저장해두는 돌 창고가 있는 집은 그 자체가 귀한 보물단지 같습니다. 집에 들어가는 길목에 동백나무를 품고 있는 집은 너무나 부러워서 '언젠가는 꼭 우리 집에 심어야지'란 다짐을 하게 되지요. 동네 근처의 제주 오름도 놓치지 않는 편입니다. 모든 오름은 그 자체로 충분히 산책의 맛을 더해주니까요.

지금은 제주를 좋아하는 저희보다 오히려 먼저 이주하신 친정 부모님 덕에, 숙소를 고르는 즐거운 고뇌의 시간을, 친정을 가는 설렘과 쉼의 시간으로 대신하고 있습니다.

　　이제 제주는 여행이 아닌 장소가 바뀐 일상의 기쁨을 이곳에서 할 수 있는 방식으로 연장하는 기분이 듭니다. 엄마의 집밥을 매일 조식으로 먹고, 부모님을 포함한 온 가족이 함께 밭에서 무와 당근을 뽑던 기억을 제주가 아니면 어디서 할 수 있을까요.

III.

살림
이야기

어린 시절 늘 청소와 정리, 화단 가꾸기를 하시던 엄마의 모습이 떠오릅니다. 메말라 죽어가는 꽃과 식물도 엄마 손이 닿으면 놀랍게도 살아났습니다. 수도가 각 가정에 보급되기 이전, 애써 길어온 먹는 물을 화초에 주셨다는 외할아버지 얘기를 하시며 "식물을 좋아하는 건 너희 외할아버지를 닮았나보다"라며 애정 어린 표정으로 화단에 물을 주시던 모습도 생각납니다. 엄마는 집안 가구 배치를 수시로 옮겨주고, 철마다 커튼과 침대 커버를 바꾸어 주셨어요.

그렇게 집안일을 소중히 여기고 집을 사랑하는 마음이 자연스레 스며들었나 봅니다. '엄마가 이번에는 또 어떻게 집안을 바꿀까?'지금도 설렘이 가득한 기억으로 남아 있습니다.

청소하는
즐거움

"하루 중 가장 행복한 시간은 언제인가요?"

이렇게 누군가 묻는다면 전 "남편과 아이들이 모두 회사와 학교로 떠난 후, 청소기를 쌩쌩 돌리고 나서 한숨 쉬며 홀로 우아하게 커피를 마시는 시간요"라고 답해요.

집안일은 해도 해도 끝이 없고, 티가 나지 않는 일이라곤 하지만 청소를 안 할 수는 없고, 매일 반복되는 '일'이라고 생각하면 우울해지고 기운이 쏙 빠지기도 해요. 그러나 깨끗해질 다음을 생각하며 콧노래와 함께 청소하는 것을 생활화하면 매일 밥 먹고, 이를 닦듯 몸에 익숙한 습관이 된답니다.

아침에 일어나면 먼저 커튼을 젖히고 햇살을 느낀 후 하루를 시작해요. 이부자리 정리를 말끔히 하고 방을 나서면 '아! 이제 한 군데는 임무를 완수했군'이라는 뿌듯한 마음으로 하나씩 그 다음 일을 찾아 나섭니다. 다음 단계는 아침 식사 준비지요.

예전에는 '아침 식사는 밥으로'란 강박으로 밥, 국, 반찬으로 이루어진 식단을 고수하면서 힘들어했어요. 누가 시킨 것도, 꼭 이렇게만 먹어야 한다고 우긴 이도 아무도 없는데 제가 만들어낸 일이 된 것이지요.

하루 이틀도 아닌 매일의 일인데 차리는 이가 스트레스로 입이 삐쭉 나와 억지로 하는 일이란 서로가 행복하지 않다는 생각이 들었습니다. 밥과 국이 준비되어 있다면 밥으로, 없다면 간단한 모닝빵, 시리얼, 삶은 달걀, 과일, 샐러드 등으로 아침 식사를 준비하는 것과 "엄마, 오늘 아침은 뭐에요?" 하며 묻는 아이들에게 메뉴를 알려주며 반응을 살피는 것이 저의 일과 중 하나가 되었답니다.

코로나 바이러스의 장기화로 아이들이 학교를 가지 않고 늘 집에 있게 되면서 청소를 하는 것도 눈치가 보이게 되었습니다. 등교 후 오전에 문을 활짝 열고 청소기를 윙윙 돌려야 하는데 아이들 모두 오전에 온라인 수업을 들어야 하기에 조용한 환경을 만들어 주어야 했습니다. 결국 저의 청소 시간은 점심 식사 전후로 바뀌었습니다.

청소기를 매일 돌리지도 못하게 됐습니다. 그러나 문을 여닫는 구석에 솜뭉치처럼 먼지가 보이거나, 바닥의 상태를 보면 청소를 해야 할 때를 알 수 있어요. 아이들이 있는 집은 어른들만 사는 집보다 훨씬 청소주기가 짧아지는 것은 어쩔 수가 없습니다. 흘리는 것도 많고, 묻히는 것도 많으니까요.

오전의 환기는 정말 중요합니다. 밤새 정체된 집안의 공기를 빼주고 외부의 신선한 공기를 들여 순환해주어야 해요. 물론 미세먼지가 가득한 날은 예외가 되지요. 가끔 공기청정기만 틀어주고 환기를 하지 않는다거나, 춥다고 문을 열지 않은 채 청소기를 돌리는 것은 먼지를 다시 집안에 내뿜는 결과를 초래하게 되어요.

본격적으로 의자를 모두 올리고 청소를 시작합니다. 마치 초등학교 시절 대청소 때처럼 말이죠.

청소를 하고, 가득 차 있는 쓰레기통을 비워주고, 설거지를 한 그릇의 물기를 마른 행주로 닦아준 후 제자리에 놓아둡니다. 욕실의 수건들을 점검해서 축축한 것들을 걷어내고 주변에 오염이 있거나 빨아야 할 세탁물들을 점검한 후 세탁기 안에 넣어주면 비로소 저만의 오전 일과가 끝이 납니다.

좀 더 체력이 남아 있고 며칠간 편히 보내고 싶다면 반찬을 몰아서 만들기도 합니다. 장조림, 멸치볶음 등 늘 있어도 질리지 않는, 먹기 편한 반찬을 미리 만들어 놓는다면 이제 남은 오후 시간은 무척 평화롭고 자신을 위한 시간으로 쟁여놓을 수 있습니다.

해야 할 일을 모두 마친 후 마시는 커피 한잔은 얼마나 달고 여유로운지 노동의 짜릿함까지 느끼게 된답니다. 물론 오전의 일과가 끝나고 오후의 일과로 바로 이어지지만 이미 많은 것을 미리 해놓았으므로 마음은 한결 가볍습니다.

오후의 남은 집안일도 순차적으로 처리하다 보면 늘 단정한 집을 유지할 수 있어요. 이렇게 유지하다 보면 그것은 습관이 되고, 어느새 내 마음에 드는 기분 좋은 집주인이 되어 있는 것이지요.

가끔 시선을 돌려 집의 가구들을 둘러보면 뽀얗게 먼지가 묻어 제 빛깔을 찾지 못한 꾀죄죄한 얼굴을 보게 됩니다. 제 경우엔 청소할 때 같이 해주기도 하지만, 초조한 연락을 기다릴 때나, 할 일은 너무 많은데 생각 정리가 되지 않을 때, 오래된 베이비 오일을 마른 걸레에 톡톡 묻혀 수시로 원목 가구와 나무 선반을 문질러 줍니다.

뽀얀 먼지를 털어내는 저의 기분도 좋아지고, 나무 친구들이 반짝반짝해지며 "나 예뻐졌지요?" 하며 속삭이는 듯해요. 뭔가를 닦고, 깨끗이 치우고 나면 그제서야 생각도 정리가 된답니다.

청소와 정리는 하지 않고, 좋은 가구와 비싼 인테리어 소품을 끊임없이 검색하고 사놓는 것은 뭔가 조화롭지 못하다는 생각이 듭니다. 초라한 물건도 주위가 단정하면 그 물건의 가치가 달라 보이지만, 값비싼 물건도 아껴주지 않고 어수선한 공간에 놓이면 그 진가가 묻히게 되니까요.

하나하나 정리하고 치우다 보면 복잡한 머릿속 생각의 매듭도 풀리는 경험을 할 수 있어요. 고민거리나 속상한 일이 있을 때 눈에 보이는 물건을 제자리에 놓고, 청소를 하며 몸을 바삐 쓰다 보면 어느새 머릿속이 개운해집니다. 앉아서 아무것도 하지 않고 걱정만 하는 것이 아니라 몸을 움직여 내 공간에 깨끗함을 불어넣는 자신이 무척 뿌듯하게 느껴진답니다.

"집안일은 티가 나지 않아요."란 말을 많이 하는데, 하지 않으면 엄청난 구멍이 난다는 것은 누구나 알고 있습니다. 엄마, 아내, 주부라는 존재는 퇴근과 보상 없이 일하는 슈퍼인력이지요. 그런 면에서 밖에서 일하는 워킹맘이 아니라는 이유로 자신의 존재 가치를 폄하하는 일은 없었으면 해요. 제가 쓸모 있고 소중한 사람이라는 믿음을 자신에게 부여하며 자잘한 집안일이라도 충실히 하게 되는 것이지요.

번거롭더라도 책이나 소품들을 들어내어 수시로 닦아주면 가구들은 윤기를 내며 본연의 자태를 뽐내주어요

눈이 자주 닿는 곳엔
아름다운 물건을

식탁에서 저의 지정 자리는 주방과 가장 가까운 쪽입니다. 수시로 주방에 드나들기 편하게 자연스레 자리가 잡힌 것이겠지요.

마주 보이는 곳에는 벽 부착 책장이 있어요. 높이가 나지막해서 무언가를 올려놓기 적당한 공간이지요. 자주 보는 아이들 책과 라디오, 그리고 오브제나 꽃 등을 올려놓곤 하는데, 문득 이젠 좀 지겹다는 생각이 들면 위치나 배열, 새로운 물건들로 변화를 주곤 해요.

시선이 머무는 곳에 아름다운 것이 보이면 정신 건강에도 좋다는 나름의 원칙이 있어요. 밉거나 복잡한 물건들은 안 보이는 곳에 놓아두고, 장식도 되고 힐링도 되는 오브제들을 바라보며 마음의 위안을 삼습니다.

설거지를 하는 지루한 시간에, 걸어 놓은 파란 고래 모빌을 바라봅니다. 아주 잠깐이지만 눈이 즐거워 마음도 행복해지는 시간으로 바뀌기도 하지요.

화장실 또한 본래의 용도에만 충실하지 말고 빈티지 컵이나, 식물 등으로 조금씩 꾸며주면 더없이 기분 좋은 공간이 되어 눈이 즐겁고 언제나 경쾌한 공간이 된답니다.

매일 쓰는 것은
가장 예쁘고 좋은 것으로!

모셔두는 물건을 좋아하지 않습니다.

아무리 귀하고 비싸더라도 쓰지 않으면 소용이 없으니까요. 장식장 안에만 들어있는 그릇은 손님이 오신 날 접대용으로 좋지만, 평범한 날 자신을 위해 쓴다면 특별한 하루의 기분을 만들 수 있습니다.

인테리어 소품이나 가구, 쥬얼리, 가방, 그릇 등을 살 때는 다소 비싸더라도 비용을 지급하는 것을 당연하다고 여기면서 정작 매일 쓰는 세수 수건, 비누, 베개, 이부자리 등에는 무심한 경우가 종종 있습니다.

매일 피부에 닿는 비누와 세제의 재질에 신경을 쓰고, 그 비누를 놓아두는 받침대까지 제법 멋지다면 세면대를 이용할 때마다 행복한 마음이 들게 되어요. 피부에 닿는 이부자리의 산뜻함과 편안한 감촉은 분명 삶의 질을 좌지우지할 정도의 의미가 있다고 생각해요. 포근포근한 질감에 물을 잘 흡수하는 수건은 그렇지 않은 수건과 비교하면 더 큰 만족감을 주지요.

일상의 매일 쓰는 물건에 조금 더 신경을 쓴다면 삶의 질이 분명 더 나아질 거라 믿어요. 하물며 매일 우리 입으로 들어가는 음식의 중요함은 설명할 필요도 없겠지요.

하나하나 누리는 매일의 것들이 모여 조금 더 나은 내 삶의 행복을 만들어 주니 어떤 작은 것도 소홀히 할 수 없네요.

물건은
사용하기 나름

물 빠지는 칫솔통을 검색하다가 일단 맘에 드는 것이 없어 안 쓰고 있던 핸드드립 주전자로 대체해보았습니다. 칫솔질을 하고 나면 물이 고이고, 아이들이 묻히는 양치의 흔적이 꼭 남지만 그거야 또 옆에 있는 수세미로 쓱싹 씻어주면 그만이고요.

키가 큰 외로운 꺽다리 꽃은 와인병에 꽂아주고, 키 작은 꽃은 공병에 꽂아 설거지를 할 때마다 바라보곤 하지요. 식탁 매트로 쓰는 두툼한 천은 제법 큼직해서 때론 화장실 앞 발 매트로 사용하기도 합니다.

침대 옆에 작은 사이드 테이블이 필요해서 열심히 찾던 중에 중고사이트에서 기막히게 눈에 들어오는 가구를 발견하고는 다음 날 가지러 가게 되었습니다. 가구를 발견한 기쁨에 들떠 남편에게 얘기하자 "집에 있는 의자를 침대 옆에 두면 되지 굳이 그 돈을 들여 사나요?"라고 한마디 해주더군요.

예쁘지만 두어 번 수리를 맡기고, 또 고장이 날까 염려스러워 앉기에는 부담스러웠던 의자를 침대 옆에 두니 의외로 잘 어울렸어요. 휴대폰, 책 등을 올려놓기에도 안성맞춤이었지요.

마음에 드는 칫솔통을 찾기 전까지 핸드드립 주전자로 대체. 마땅한 긴 화병이 없어 꽃을 와인병에 꽂아두었어요.

왼쪽 제법 큰 식탁매트를 발매트 대용으로 깔아두었어요.

오른쪽(왼) 잘 안 쓰는 밀크저그는 연필꽂이로

오른쪽(오른) 침대 옆 사이드테이블 대신 잘 사용하지 않는 의자를 두었어요.

물건의 용도란 따로 있는 것이 아니라 쓰는 이가 편하고 좋으면 되는 것이니까요. 예전에는 무엇이 필요하면 '그 용도에 맞는 것을 사야지' 하며 검색에 많은 시간을 보냈습니다.

그러나 주위의 물건을 둘러보면 의외로 대체할 만한 게 꼭 나온 다는 사실을 알게 되었지요. 덕분에 주머니를 열지 않는 기쁨도 함께 얻게 되었답니다.

나의 살림 선배,
엄마

못하는 게 없는 사람, 버릴 게 없는 사람 그게 바로 제가 '엄마' 하면 떠올려지는 단어에요. 두 아이의 엄마가 되고 살림을 하다 보니 '그 시절 엄마는 정말 대단한 사람이구나!'란 생각이 절로 듭니다.

보통 요리를 잘하면 청소를 잘 못하고, 살림에 치중하면 옷차림에 신경을 못 쓰고, 외모를 잘 가꾸면 살림엔 소홀하거나 등 누구에게나 허점이 있는 법인데 엄마는 모든 경우의 수를 충족하는 '수퍼맘' 그 자체입니다. 게다가 이것은 외적으로 보이는 모습일 뿐, 진심으로 배우고 싶은 것은 엄마의 삶을 향한 태도, 온유함, 타인에 대한 배려, 고상함과 따뜻함 등 늘 몸에 배어 있는 것들이지요.

엄마의 등장은 제게 든든하고 편하게 의지할 수 있는 존재가 생겼음을 의미합니다. 제주도에서 살고 계신 엄마가 오시는 날에는 그동안 해결할 수 없었던 숙제들을 하나씩 지워나갑니다. 홀렁하던 모자의 가장자리에 와이어를 끼워 쨍쨍하게 만들어 주시고, 계절의 먹거리들을 모두 반찬으로 뚝딱 만들어 냉장고에 넣어주시죠. 구멍 난 양말, 해진 옷을 수선해주시고, 손바느질로 뚝딱 작품을 만들어내시기도 해요. 게다가 아이들의 수학 문제까지 착착 설명하며 가르쳐주시는 과외선생님까지 되어주십니다.

언제나 책을 옆에 두고 읽으시는 엄마의 모습

왼쪽(위) 채소를 자르는 엄마의 모습　　**왼쪽(아래)** 단호박 피자를 굽기 직전　　**오른쪽** 현관에서 열무김치를 다듬는 엄마의 모습

강가에서 주워온 큰 돌에 뜨개 옷을 입혀 재탄생시킨 도어스탑퍼 (door stopper), 직접 수놓은 손가방, 손뜨개 인형, 식탁 의자 양말 등등 엄마의 흔적이 집안에 가득합니다. 하나님이 모든 사람을 일일이 돌보아 줄 수 없어 각 가정에 엄마를 보내셨다는 말은 정말 맞는 것 같아요.

사는 날까지 매일을 특별한 하루로 보내고 싶다는 엄마는 훌쩍 아프리카 케냐로 선교봉사 활동을 하러 떠나기도 하시고, 지금은 아무 연고도 없는 제주도로 이주하여 살고 계십니다. 그곳에서 늘 사셨던 것처럼 아무렇지 않게 스며들 듯 잘 지내고 계시지요. '다음에는 어디에서 살아볼까?' 또 그 다음을 꿈꾸시는 엄마, 그런 엄마를 보며 제 궁금증은 커져만 갑니다.

왼쪽 내 잠옷의 단을 줄여주는 엄마　　**오른쪽(왼)** 엄마가 손수 만드신 자수바늘꽂이와 키홀더　　**오른쪽(오른)** 엄마가 만들어준 둘째 아이의 자수가방

어르신들의 생활은 큰 변화 없이 하루하루를 지내시는 것이 일반적인 것을 볼 때 엄마는 정말 특별한 사람이라는 것을 느끼게 됩니다. 엄마는 이제 연세도 꽤 많고 큰 수술을 두 번이나 받았기에 예전의 건강함과 지치지 않는 에너지가 눈에 띄게 많이 줄어들었어요. 하지만 특유의 부지런함과 저돌적인 실행력, 끊임없는 배움의 욕구는 한참 젊은 제가 따라갈 수 없는 에너지입니다.

　　그 엄마에 그 딸이라 하지만 엄마 같은 엄마가 되는 것은 제겐 몹시 힘든 일입니다. 무리하지 않는 선에서 노력하며 부족함이 많아도 즐거운 사람이 되는 것, 그것이 제가 할 수 있는 유일한 일인 것 같네요.

　　엄마! 제게 언제나 긍정의 기운을 북돋아 주셔서 고마워요. 언제나 건강하게 오래오래 그 자리를 지켜주셔요. 사랑해요 엄마!

작은 것을
잘하는 사람

아침에 일어나자마자 이불 정리를 합니다. 구겨진 침대 스프레드를 정리하고, 여기저기 흩어진 머리카락은 줍고, 요는 착 접어놓지요. 잠자리 정리를 한 후 '멋진 하루가 시작될 거야' 주문을 외우며 창을 활짝 열지요. 그것은 하루를 시작하는 소중한 의식과도 같은 일이 되어 해결해야 할 다른 상황들을 돌보아줄 기운을 줍니다.

식탁에 널브러진 아이들의 흔적, 제때 치우지 못한 책이나 물건 등을 제자리에 놓아주고, 싱크대 주변의 물기는 그때그때 닦아줍니다. 설거지를 실컷 해놓고 주변의 물기를 닦아주지 않거나 개수대 안의 음식물 찌꺼기를 말끔히 제거하지 않으면 마무리를 잘 해낸 것 같지 않은 찜찜함이 남지요.

주부의 일이란 늘 되풀이되니 쉽게 지치고, '내일 하지 뭐' 하고 뒤로 미루게 되는 일이 꽤 많습니다. 당장 하지 않는다고 큰일 나는 것은 아니니까요. 그러나 오늘의 일을 추려서 메모하는 습관을 갖고 그날 할 일을 지워나가는 기쁨은 결코 작지 않습니다.

공과금을 납부하는 일, 빈 냉장고 곳간을 채우는 일, 지퍼가 고장 난 바지 수선 맡기는 일 등 자잘한 일투성이지만 매일 반복되는 이 작디작은 일을 하나씩 지워가다 보면 조금씩 이뤄가는 성취감을 맛보게 됩니다.

뿌듯함을 느끼며 다음 단계로 한 발자국 더 나아가게 되는 것이지요. 조금 더 크고 중요한 일을 해낼 수 있다는 자신감으로 오늘보다 더 나은 내가 되려고 여전히 노력하고 있습니다.

위쪽 불러주는 대로 적어 준 아이의 장보기 목록 메모(무엇이 필요하고 먹고 사는지 아이도 궁금해해요)

아래쪽 꺼내쓰기 쉽게 차곡차곡 접 어놓은 종량제 봉투들

천이 주는
즐거움

침대보, 커튼, 쿠션 커버, 키친 클로스, 바구니 덮을 천 등 패브릭이
집안에 불러오는 효과는 결코 작지 않습니다. 집안의 온도를 만들어
주는 체온계와 같은 역할을 한다고 할까요. 패브릭은 가장 적은 돈으
로 효과를 볼 수 있는 인테리어 소품임에 틀림없는 것 같습니다.

각자 고유의 무늬를 뽐내며 공간을 화려하게 밝혀주기도 하고,
무늬 없는 흰색의 단순함이 공간을 단아하게 만들어 주지요. 커튼은
자주 바꿔주기 쉽지 않아 최대한 질리지 않는 단순하고 깨끗한 스타
일을 고르는 것이 좋은 것 같아요. 그러나 작은 창에 화려한 무늬의
패브릭을 걸어주면 몹시 인상적인 공간으로 바뀌기도 합니다.

키친 클로스와 쿠션 커버, 베드 스프레드 등은 그 중에서 쉽게 변
화를 줄 수 있는 것입니다. 새것으로 갈아 준 후 바라보는 제 눈은 새
로움과 기쁨으로 가득 찹니다. 새 옷을 사서 입어보는 즐거움이랄까
요.

위쪽 쓰고 남은 자투리 천을 뚜껑 위에 살짝 얹어 고무줄로 고정하면 보기에도 이쁘고 사랑스러운 병이 되지요.

아래쪽 평소 마음에 드는 천을 아이들 흰 이불 위에 덮어주니 새로운 베딩 느낌이 났어요.

새로 갈아입은 쿠션 커버는 의자에 생명력을 불어넣어 주고, 계절에 맞게 바꿔 준 베드 스프레드는 침실 공간 전체를 빛내줍니다. 설거지를 한 후 손의 물기를 닦아주고, 젖은 그릇을 말려줄 행주로서의 역할, 살포시 지저분한 물건을 가려줄 키친 클로스는 아무리 칭찬해도 모자랄 정도입니다. 게다가 감촉은 좋고 예쁜 무늬의 아이라면 주방을 빛내주는 필수 아이템이 되는 것이지요.

제 옷은 잘 사지 않지만 쿠션과 침대, 주방에는 새 옷을 자주 선물해주고 싶은 작은 바람을 계속 가지고 있어요.

수납보다
비움을

결혼생활 14년 동안 무려 여섯 번의 이사를 했습니다. 거의 2년에 한 번꼴로 말이지요. 이사가 취미는 아닙니다만 2년마다 갱신되었던 전세금도, 남편 직장의 위치도 그 이유가 되었습니다.

그렇게 이사를 자주 다녔음에도 때마다 처분해야 되는 짐들은 어찌나 많은지요. 특히 다용도실 또는 창고에 있는 물건들은 이사 때가 되어서야 비로소 다시 꺼내어 보게 되는 것들입니다. '이런 것들이 있었구나' 고개를 갸우뚱거리며 말이지요. 2년 동안 사용하지 않았던 것을 지금 갑자기 쓰게 될 일은 거의 없습니다. 알면서도 나중의 '언젠가'를 위해서 또다시 어느 구석에 처박히게 되겠지요.

정리와 인테리어에서 수납의 필요성은 아무리 강조하고 강조해도 부족할 만큼 중요한 사실입니다. 그러나 이사할 때 나오는 짐들을 보고 있으니 수납을 위한 수납을 해서는 안 되겠다는 생각이 불끈 들었습니다.

이불과 요는 장롱 안을 가득 채우는 요소이지요. 일년에 몇 번 있을까 말까한 가족, 친척을 위한 이부자리로 늘 자리를 차지하기보다는 가족 구성원들에게 꼭 필요한 질 좋은 침구로만 구비하여 정리하면 좋겠어요.

보이지 않으면 물건의 존재는 잊히기 마련이니까요. 깊숙이 넣어둔 물건들은 이사 때만 나타나 다시 위치를 잡아달라고 떼를 쓰는 것 같습니다. 또다시 보관 장소에 들어가면 잊히겠지요? 그렇게 되풀이되는 정리는 체력과 정신의 소모전이 되는 것 같아 기분이 썩 좋지 않습니다.

7번째 이사를 앞두고 있어서인지 되도록 보이는 수납을, 내 머릿속에 정확히 기억되는 수납을 하고 싶다는 다짐을 어김없이 하게 되는 요즘입니다.

선반을 이용해 보이는 수납을 하면
평소에 잘 쓰는 것, 쓰지 않는 것을
잘 구별할 수 있어요.

빛나야 하는 것은
언제나 반짝반짝하게

물기가 있는 주방 싱크대나, 욕실 세면대의 수건과 거울을 보면 물 얼룩과 때가 은근히 많이 끼어 있어요.

어차피 또 물이 묻겠지만 수전 옆에 마른 수건을 두고 수시로 수전과 그 주위의 물기를 쓱 닦아줍니다. 이때 린스를 조금 묻혀 닦아주면 더 놀라운 효과를 보게 되어요. 빛나는 수전과 거울을 보고 있으면 호텔 서비스를 받고 있단 생각이 들기도 하고 반짝이는 그 자체로 정리된 느낌이 난답니다.

알게 모르게 먼지가 쌓인 도자기나 유리병, 창 등을 닦아주면 그 본래의 반짝임을 뽐내며 공간을 더욱 빛내주는 그들을 발견할 수 있답니다.

늘 물기가 있는 세면대 옆에 극세사 핸디타월을 놓아두어 물기가 보일 때 마다 닦아주지요.

다정한 살림 친구,
돌멩이

돌멩이를 좋아합니다. 모양 자체도 사랑스럽지만 쓰임은 얼마나 많은지 몰라요.

뚜껑이 들썩거릴 정도로 넘칠듯한 음식물 쓰레기통 뚜껑을 꾸욱 눌러주고, 잘 흘러내리는 천을 살포시 잡아주어 떨어지지 않게 해줍니다. 제겐 동그란 샴푸볼 비누가 있는데 납작한 돌멩이 위에 올려주니 볼 때마다 무척 귀엽답니다.

더욱 기막힌 것은 물기가 뚝뚝 떨어지는 도마의 받침이나 끈적끈적한 게 묻기 쉬운 오일병 받침으로도 손색이 없다는 것이에요.

납작하고 길죽한 돌은 수저받침용으로 그만이고요. 모양이 예쁜 아이는 그것 자체로 공간의 오브제가 되기도 하지요.

마음에 드는 돌을 고르는 것은 상당한 기쁨을 주는 일로서 어디에도 없는 나만의 맞춤형 조각품을 갖는 것과 같다는 생각이 듭니다.

욕실 안 바디샴푸볼의 받침이 되어
준 돌멩이

위쪽(왼) 포크나 수저받침이 되어주
는 돌멩이

위쪽(오른) 가벼운 냅킨이 날아가지
않도록 돌멩이를 살짝 얹어줍니다.

아래쪽 넘치는 음식물 뚜껑에 무거
운 돌을 얹어 닫아주기도 하지요.

언제나
마지막처럼

집을 나설 때면 언제나 드는 생각이 있어요. 만약 불의의 사고로 다시 돌아오지 못하게 되었을 때 집이 난장판이거나, 속옷이 허름하면 무척 창피할 것 같다는 생각 말입니다.

그래서 집을 나서기 전 마지막 점검처럼 다시 집 매무새를 보듬어주게 됩니다. 아무도 안 보는 시간, 더욱 충실하고 싶은 그런 마음인 것이지요.

여러 날 비울 생각에 집을 나설 때면 그 어느 때보다 집을 많이 보듬어주게 되어요. 우리 가족으로 지쳤을 집을 더 열심히 닦아주고, 쓰레기는 비워주고, 쓰레기통 안까지 빡빡 닦아주지요. 특히 쓰레기통 안에 여분의 비닐 봉투를 넣어두면 쓰레기를 비운 후 끼울 비닐을 찾는 시간을 아낄 수 있어 더더욱 유용하지요. 남편은 거뭇해진 욕실 바닥 타일 줄눈을 솔로 싹싹 하얗게 만들어줍니다.

우리 가족이 떠나고 나면 집은 홀가분하고 고요한 시간을 만끽하게 되겠지란 생각을 해요. 이쁘고 단정한 얼굴로 다시 맞아주렴, 잘 지내고 있어.

유리병은
쓸모가 많아요

입구가 큰 유리병은 여러모로 쓸모가 많아요.

설탕, 소금 등의 양념을 넣기도 하고요. 특히 잼을 만들어 넣을 때 유리병은 진가를 발휘해요.

캔들 만들기를 배울 때는 양초를 담아내는 케이스로서의 존재감이 확실하고요. 아이들의 동전 저금통으로, 지인이나 가족들에게 반찬을 싸줄 때에도 그 쓰임이 좋아요.

입구가 작은 병은 꽃을 꽂기에 안성맞춤이고, 사이즈가 다른 유리병들을 쪼르르 진열해두면 그 자체로 인테리어가 된답니다. 그때까지 붙어 있던 병 스티커를 말끔히 떼어주면 안의 내용물이 잘 보이니 수고스러워도 스티커는 꼭 떼고 사용해주면 더욱 좋아요.

위쪽 입구가 큰 유리병에 담아놓은 토마토 마리네이드. 와인 안주로도 좋고, 아이들 간식으로도 좋아요.

아래쪽 각종 내용물이 담겨있던 유리병을 뜨거운 물로 소독하고 깨끗이 씻어내어 반찬을 저장하는 용도로 재사용하지요.

사랑한다는 말로는 부족한
바구니

비슷하거나 중복될 수 있는 것은 웬만하면 사지 않습니다. 이러한 저의 철칙을 자주 깨는 것은 바구니입니다.

저의 집 곳곳에는 바구니가 있어요. 바구니만큼은 여전히 필요하고 부족하다고 여겨요. 바구니는 크기와 모양, 재질도 각양각색이라 하나하나가 특별하고, 다른 쓰임이 있기 때문이에요.

제가 가장 좋아하는 것은 담양 대나무 바구니와 제주 구덕입니다. 구덕은 제주 방언으로 바구니를 뜻합니다.

촘촘하고 편안한 색상의 대나무 바구니는 오래 갖고 있으면 짙은 색으로 변하는데, 그 시간의 아름다움이 곁들여져 더욱 고풍스러운 멋을 낸답니다. 대나무 바구니는 수작업으로 만든 것이라 값이 제법 비싼데 저는 서울 동묘나 중고마켓을 활용해 하나씩 구비해놓습니다. 때론 바구니 부자인 엄마의 살림을 탐내어 조르기도 한답니다. 가끔 쓸 만큼 써서 버리러 내놓으시는 동네 할머님의 바구니들도 놓치지 않습니다.

각종 조리 도구나 포크, 수저 등을 병에 나눠 담아 큰 바구니에 같이 넣으면 단정한 정리가 되지요.

왼쪽 선선한 계절엔 고구마, 채소, 계란 등을 바구니에 넣어 시원한 현관에 두기도 하지요.

오른쪽 넣어두는 용기로서도 훌륭하지만 눈이 닿는 곳에 바구니가 있으면 더없이 따뜻하고 정겨운 느낌이 들어요.

크기와 모양별로 구비해 놓으면 다양하게 사용할 수 있지요. 동그란 바구니에는 야채나, 과일을 넣어두고, 사각 바구니에는 종종 손이 가는 간식거리들을 넣어두기도 합니다. 바구니는 자질구레한 주방용품들의 수납, 천이나 행주 등을 차곡차곡 놓아두기 등의 제 역할을 무척 잘 해내지요. 바구니 자체가 따뜻함이 풍기는 집의 인테리어를 만들어주기도 합니다.

자연물로 이루어진 소품은 질리는 법이 없고, 쓸모도 많으니 어찌 사랑하지 않을 수 있을까요?

세면대 비누 아래에는
예쁜 수세미를

아름다운 집에 갔는데 물때와 묵은 때가 섞인 세면대를 보고 '아! 닦아주면 좋겠다'라고 생각한 적이 있어요. 그리곤 몰래 청소 도구를 찾아보았지만 끝내 찾지 못해 속상했던 기억도 있지요.

의외로 세면대의 지저분함을 눈치채지 못하고 지날 때가 있습니다. 아마 세면대보다는 거울 속의 자신에 집중해서일까요? 누군가는 세면대에 가래를 뱉기도 하고, 물이 잘 안 내려가는 경우는 기분 나쁜 자국이 생기기도 해요. 매일 내가, 우리 가족이 사용하는 세면대인데 반짝반짝하다면 훨씬 즐거울 텐데 말이죠.

세수 비누 아래에 수세미를 깔아주고, 씻을 때마다 수세미로 세면대를 쓰윽 닦아주면 더러워지는 걱정을 할 필요가 없습니다. 그런데 이왕이면 예쁜 수세미였으면 기분이 더욱 좋아질 것 같아요.

비누를 수세미 위에 올려놓으면 물기와 거품을 같이 흡수하여, 세면대를 닦을 때 굳이 비누를 묻히지 않아도 되지요.

미운 곳은 덮어주거나,
가려주어요

빠른 시간 안에 단정한 집이 되는 비법은 예쁜 용품을 사서 채우는 것이 아니라, 먼저 미운 곳을 적절히 가려주는 것이라 생각해요.

정수기 옆면에 삐딱하게 걸린 검수표를 매번 본다는 것은 제겐 괴로운 일이에요. 천으로 가려주는 것만으로도 나름 행복해지지요. 잡다한 물건들도 바구니에 모아 천을 덮어줍니다. 천으로 덮인 바구니는 먼지를 방지해 줄 뿐만 아니라 그 자체로 단정한 정리용품이 되어주어요.

수를 놓은 흰색 천이 덮어주는 용도로 제 눈에는 가장 이쁘지만, 다양한 패턴 천으로 갈아주는 즐거움도 무척 크답니다. 변화는 언제나 기분 전환을 가능하게 해주니까요.

하지만 천으로 덮어주기 전에 그 안 내용물을 완전히 파악해야 다시 찾는 수고로움을 덜 수 있어요. 천으로 덮으면 잘 안 보이니까요(그 전에 불필요한 것은 버리거나 나누고요).

위쪽 정수기 측면에 붙어 있는 검수 메모지를 천으로 가려준답니다. 바구니에 행주들을 넣어두면 사용하기도 편하고, 천이 더러워지면 바로 갈아줄 수 있어요.

아래쪽 천을 덮어주면 자질구레한 용품들을 가려주어 깨끗하게 보일 뿐만 아니라 먼지가 예방되어 더욱 좋아요.

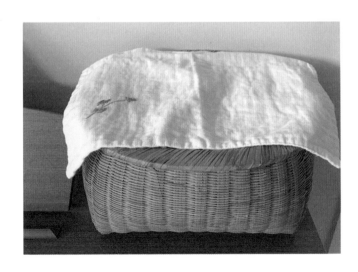

화장실을
설레는 장소로

집에서 주방 다음으로 자주 가는 곳이 화장실이 아닐까 해요. 저는 '자주 사용하는 곳은 가장 아름답게'란 신념을 가지고 있기에 화장실은 그냥 용도에만 맞게 내버려 두기엔 아까운 장소라는 생각이 들어요.

바닥의 젖은 물기와 세면대 주위는 자주 닦아주고, 삐뚤하게 걸려 있는 수건은 다시 단정하게 자리를 잡아줍니다. 머리카락이나 휴지통에 쌓인 쓰레기는 바로바로 치워주어야 하고요. 그렇게 기본적인 청소를 한 후에 꽃이나 화분을 놓아주고, 디퓨저로 향을 더해주면 공간에 더 많은 애정이 생기게 되지요. 눈길이 닿는 장소에 멋진 오브제를 놓아주면 화장실은 놀랍도록 사랑스러운 장소가 됩니다.

제게 화장실은 때론 짧은 독서를 하는 곳이라서 책 놓을 곳도 미리 자리를 마련해주지요.

화장실에 식물을 놓아두거나, 빈티지한 컵에 계피를 넣어두면 은은한 향도 나며 잡냄새를 잡아주기도 합니다. 그 자체로 훌륭한 장식이 되고요.

선반을 만들어 두면 책이나 꽃병을 올려놓을 수 있어 쓰임새도 편한 생활이 되지요. 그러나 어린아이들이 있거나 물건이 떨어지기 쉬운 공간에만 장식품을 놓을 수 있다면 허전하더라도 깨끗함을 유지하는 것이 훨씬 좋습니다. 눈이 즐겁기 위해서 위험을 방치할 수는 없으니까요.

화장실은 볼일만 보는 곳이 아니라 충분히 휴식하고 재충전하는 소중한 장소라 믿고 싶어요. 자주 가는 곳이므로 아껴주는 예쁜 공간이 된다면 하루하루가 더 행복해지니까요.

오른쪽(왼) 창문이 있는 화장실 공간에 행잉플랜트(디시디아)를 걸어 두니 환기와 습기까지 적절히 관리되어 따로 물을 주지 않아도 잘 키울 수 있답니다.

오른쪽(오른) 핸드드립 커피를 마시고 남은 커피 찌꺼기를 말린 후 화장실에 놓아두면 냄새 제거뿐 아니라 은은한 커피 향을 화장실에서도 느낄 수 있어요.

아들,
딸에게

너희들이 어느덧 이렇게 커서 물건도 나르고, 힐끔힐끔 엄마의 주방에도 관심을 가질 나이가 되었구나. 집의 시간이 그 어느 때보다 늘어난 요즘 엄마는 너희들에게 이 참에 집안일을 제대로 가르쳐주려 해.

집이 편하고 쉴 수 있는 장소가 되려면 그만큼 쾌적하게 유지할 노력이 필요한 거란다. 같이 쓰는 우리 집을 서로가 스트레스 없이 누리려면 너희들도 일이 아닌 기본 생활로 정리와 청소가 몸에 배었으면 하는 바람이 있구나.

'정리를 하자!' 란 말 자체가 부담이 될 수 있으니 '모든 물건에 제 집을 찾아주자' 라고 생각하면 편할 것 같아. 책의 집은 책장이고, 연필의 집은 필통인것처럼 말이야. 책을 본 후에는 책장에 꽂아두고, 그림을 그린 후에 색연필이나 필기구들은 각각의 통에 넣어두고 그렇게 제 물건의 집을 찾아주는 것이 정리의 시작이란다. 여기에서 한 발자국 더 나아가 집안일을 할 때의 순서를 알려줄게.

설거지를 하는 딸 서우

불고기를 굽고 있는 아들 서준

청소는 먼저 바닥에 있는 것을 일단 올려놓거나 제자리에 집어넣어둔단다. 그러고 나서 걸레질을 하게 되는데 이것에도 순서가 있어. 걸레질이란 위에서부터 아래 순서로 한단다. 바닥부터 먼저 닦으면 나중에 가구에 묻은 먼지들이 내려올 수도 있거든. 윗부분은 청소 솔로 먼지를 털고, 마른 걸레로 가구를 먼저 닦아준단다. 몸을 씻으면 개운하듯이 우리 가족이 사용하는 가구들도 반짝반짝 닦아주어야 정말 좋아하거든. 그 다음 청소기로 구석구석 밀어주고, 젖은 걸레로 바닥을 닦아주면 완성!

처음엔 즐겁다며 먼저 하자고 아우성을 지르더니 청소의 과정이 길어지니 벌써 얼굴이 일그러지는구나.

난 너희들이 어른이 되어 집중할 때를 제외하고는 엉덩이가 가벼운 어른이 되길 바란다. 근엄하게 자리만 차지하고, 존재가 부담스러운 사람이 아닌, 눈치 빠르게 쓱싹 일을 처리하는 그런 능력자가 되길 소망해.

우리 일단 집안일부터 시작해보자!

아! 그런데 너무 부지런한 나머지 사람들에게 '늘 하는 사람'으로 각인되는 스트레스는 받지 않았으면 해.

IV.

기억하고
싶은 집

초등학교 시절 기억에 남는 친구의 집이 있습니다. 짙은 남색 대문 옆 초인종을 누르면 '삐익'하는 소리가 나며 문이 열렸어요. 징검다리처럼 띄엄띄엄 놓인 돌을 총총 밟으며 걸어갔지요. 위를 올려다보니 장미덩굴이 아치형 형태로 얼기설기 얽혀 있었습니다. 손을 뻗어 만져 보기도 하고, 가장자리에 핀 어여쁜 꽃들을 물끄러미 바라보기도 했지요. 현관문에 빼꼼 얼굴을 내민 반가운 친구의 얼굴이 보이면 후다다닥 뛰어갔던 지수네 집. 발에 걸리던 조약돌의 느낌까지도 여전히 생생합니다.

어제 일도 잘 기억하지 못하는 제가 그 오래전 친구네 집을 또렷하게 기억하는 것은 아마도 어린 시절부터 집이 주는 의미가 제겐 무척 컸던 것 같습니다. 그때 제가 그 친구 집에 가지 않았더라면 이렇게 따뜻하고 멋진 아이인 줄 모르고 지나쳤을테지요.

집의 초대를 받고 나면 상대를 더 잘 알게 되고, 몰랐던 모습까지 몰래 알게 된 짜릿함도 느껴지지요. 집은 그 사람이 어떤 것을 좋아하고, 무엇에 관심이 있으며, 어떤 방식으로 사는지를 말해줍니다.

경주 히어리

성북동
할머님댁

"할머님, 제가 좀 들어드릴까요?"

아이와 함께 동네 산책을 하고 있는데 한 할머님께서 손에 까만 봉지를 잔뜩 들고 계셨어요.

"아우, 고마워라, 저기 보이는 대문이 우리 집이에요. 잠깐만 들어 줄래요?"

할머님댁은 무척 가까웠고 금세 대문 앞에 도착했습니다.

"고마워요, 잠깐 들어와서 참외 먹고 갈래요?"

'처음 본 이웃 할머님의 호의를 어찌해야 하나?'하고 고민하고 있는데, 아이들은 제 손을 몰래 꽉 누르면서 빨리 그냥 가자고 신호를 보냅니다. 그러나 저에겐 영화 '봄날은 간다'에서 여자 주인공이 남자 주인공에게 "라면 먹고 갈래요?" 하는 대사만큼이나 거부할 수 없는 제의여서, 제 마음은 이미 할머님댁 안에 들어가 있네요.

"할머님 감사해요, 폐를 끼치게 되네요."

그렇게 들어가서 보게 된 성북동 할머님댁은 제 눈에 살아 있는 빈티지 종합상자였습니다.

나무와 소소한 식물이 있는 성북동 할머님의 정원

"작년 말에 남편이 가고 난 후 집이 너무 커요. 우리 마당에 애들이 뛰어 놀았으면 좋겠어요. 그러니 꼭 다시 와요. 그냥 할머니집 오는 것처럼 말이에요. 난 항상 있으니까…"

그 후로도 할머님과 저의 만남은 이어지고 있고, 할머님께서는 저와 나이가 대충이라도 맞는(?) 좋은 동네 언니들까지 소개해주셨답니다.

올해 여든이신 동네 할머님과의 만남은 또래 친구들과의 대화보다도 더 신나고 흥미롭습니다. 적절한 시간에 대화를 하고 공감대까지 형성하는 등 조금의 피로함도 느낄 수 없습니다.

"아이들이 곧 올 테니 내가 더 붙잡지 않을게요. 아이들에겐 엄마가 가장 소중하니까 열심히 옆에 있어줘요"라는 말씀과 함께 손을 잡아주시면서 예쁜 꽃 화분 두 개를 주신 날, 전 이런 어른이 되어야겠다고 다짐하게 되었어요.

나란, 나래
자매의 집

이 집의 화덕 사진을 본 순간 '아!!!'
숨이 턱 막힐 정도로 황홀했습니다.

중세 시대 유럽에서 볼 법한 화덕을 가진 집을 보다니. 대체 어떤
사람이 사는 걸까 무척 궁금했지요. 이 집을 한번이라도 내 눈으로
직접 볼 수만 있다면 얼마나 좋을까 하고 가슴앓이를 했더랬습니다.

이런 제 마음을 안 것인지 흔쾌히 놀러 오라는 집 주인의 초대를
받았습니다. 아이들 겨울방학을 맞아, 만남의 날짜를 정하고 전남 담
양으로 내려가는 고속버스 안에서 도착할 때까지 내내 가슴이 콩닥
거리며 설렜습니다.

한국의 아궁이를 떠올려 고안한 나란 씨 집의 유럽풍 화
덕 모습

오른쪽 모닝빵을 만들고 있는 동생 나래씨의 뒷모습

사진에서만 보던 그 화덕을 실제로 본 느낌은 더욱 강렬했습니다. 장작을 넣어주니 불씨가 반짝입니다. 재가 조금씩 날리기도 하지만 그것 또한 낭만적이고요. 옛이야기가 솔솔 피어오를 것만 같은 아름다운 주방이었습니다.

'어떻게 이런 부엌을 상상할 수 있었을까?'라는 생각이 들어 그녀에게 물어보았습니다. 나란 씨는 한옥구조의 옛집에서 영감을 받았다 하더군요. 흔히 말하는'부뚜막'인 것이지요. 불을 피우는 아궁이가 있는 옛날 부엌을요. 아궁이 대신 화덕을 만드니 마치 동유럽 옛집에 놀러 온 것 같았습니다.

이국적이면서 몽환적인 느낌의 집, 이제껏 경험해 보지 못한 분위기의 집이었습니다. 정리가 되지 않은 듯 무심히 툭툭 놓인 물건들은 그 자리에서 자연스러운 멋을 뽐내고, 무엇보다 인상적이었던 것은 고양이가 마음껏 드나드는 자유로움, 이 집을 채우는 사람의 온기였어요.

집 안 곳곳에는 동생 나래 씨가 직접 손으로 짠 뜨개 작품들이 놓여 있었는데 그것들이 주는 따뜻함과 소박함, 털실의 다양한 색이 뿜어내는 에너지 등은 두 자매의 닮은 듯, 다른 듯한 개성을 뽐내며 집의 색깔을 만들어 가고 있었습니다.

집에 처음으로 놀러간 날 밤, 아이들을 모두 재운 후 나래 씨 집 다락에 올라갔습니다. 찬 공기에 서로 흐르는 콧물을 닦으며 이불을 꼭 움켜쥐고 대화를 나눴죠. 지나온 날들에 대한 얘기, 앞으로 맞이할 날들에 대한 얘기, '마음에 품고 있는 것이 있다면 망설이지 말고 바로 실천하자'등의 말들이 오갔던 것 같아요.

초롱초롱한 서로의 눈빛이 오갔던 그날의 대화로 전 이전과 다른 사람이 될 수 있을 것만 같은 생각이 들었습니다. 자신의 꿈을 얘기하던 그날, 우리 각자가 아주 조금씩 이루어가고 있는 모습을 봅니다.

가까이 살며 서로의 삶을 조용히 바라보고 사는 나란, 나래 자매가 전 무척 부럽답니다.

손수 뜬 뜨개작품으로 시작해 지금은 온갖
살림용품을 판매하고 있는 '달팽이 가게'의
주인 나래 씨의 작업공간

가희 씨의
집

오래전 블로그 이웃으로 서로의 아이디를 호칭 삼아 주고받았던 가희 씨. 제겐 '당신의 스웨터' 혹은 '케이닝'이었지요.

그녀의 따뜻한 글은 맛있고 건강한 음식을 먹는 것만큼 제겐 편안하고 즐거운 마음의 양식이 되었습니다. '언제 다음 편 글을 읽을 수 있으려나?' 하고 기다리는 팬이 될 정도였죠. 또한 소신 있게 원하는 삶을 사는 생활방식이 제겐 무척 인상적이었답니다. '가슴이 따르고 설레는 나만의 삶을 살자'라는 작은 소망의 씨앗을 심어준 사람이라고 말해주고 싶어요.

그토록 궁금하던 그녀의 한옥을 방문하던 날. 어린 시절 놀이공원 소풍을 앞둔 아이처럼 쿵쾅거리는 두근거림을 억누르고 겉으로는 티 안 나게 초인종을 간신히 눌렀건만, 대문이 열리자 제 입에선 탄성이 쉴 새 없이 튀어나왔죠.

가희 씨가 아니었다면 실제 사람이 살고 있는 한옥을 구경할 기회가 아마 없었을 거예요. 그녀의 살림은 손길과 정성이 가득 담겨 있었습니다. 작은 옥상에는 빨래들이 햇볕을 쬐고 있었고, 아이들이 남긴 귀여운 흔적과 그녀만의 감각을 보여주는 소품들, 그리고 직접 운영하는 살림가게의 아이템들이 곳곳을 밝혀주고 있었습니다.

가희 씨의 집을 다녀온 날 저의 노트에는 이렇게 적혀 있었습니다.

왼쪽 '살림가게 숙회'의 주인인 가
희씨의 사랑스러운 주방 공간. 늘
다른 패턴을 선보이는 예쁜 키친클
로스가 곳곳에 있어요.

오른쪽(왼) 설거지를 마친 컵들을
키친클로스 위에 놓아두면 금방 마
르고 물기가 제거되지요.

오른쪽(오른) 주방 창을 이쁜 손수
건으로 살짝 가려준 그녀의 센스

'파리 끈끈이에 붙어 꼼짝달싹할 수 없는 파리처럼 이 집이 풍기는 매력에서 헤어 나올 수가 없다.'

'다정하고 사랑스러운 그녀의 집. 역시 문의 재질은 나무여야 하고, 유리병은 모두 활용하고, 정리가 필요한 사물은 역시나 예쁜 천으로 덮어주고, 신발은 언제나 가지런하게, 아이들의 작품과 그림은 되도록 유지해주기 등등 생활의 진리를 다시 한 번 확인할 것'

'그런데 이렇게 보이는 것보다 중요한 것은 그 가족의 생활에 담긴 따뜻함 그 자체는 모방할 수가 없고, 그러기 위해서 늘 노력하고, 부지런하게 살고, 그리고 사랑을 많이 담아야지.'라고 다짐한 하루가 되었다.'

가지런히 정리된 신발들, 바람이 불면 흔들리는 모빌, 작은 마당이지만 누릴 수 있는 물놀이의 흔적 등 그녀의 생활감이 사랑스러워요.

명희 씨의
집

사실은 명희 씨라고 불러 본 적이 아직 없습니다. '사장님'이란 호칭으로 부르고 있지요. 인테리어 디자이너인 명희 씨는 제 아랫방인 '빌라플럼'의 공간을 꾸며준 분입니다.

동네 인테리어 사장님도 고개를 저으며 봐주시지 않던 이 작은 방을 '셀럽들만 상대할 것만 같은 분이 과연 거들떠나 볼까?', '아! 너무 창피하지만 전화라도 함 해보자' 이렇게 의뢰에 대한 고민을 수십 번 하고 드디어 용기를 내어 전화를 드리게 되었습니다. 용기는 작은 기적을 이루었고, 초라하고 보잘것없어 보이는 공간의 일도 소중히 여기는 사람을 만나게 된 것이지요.

참 어려울 수 있는 고객과 사업자의 만남으로 시작했지만, 서로 사는 이야기를 나누고, 맛난 토마토 마리네이드를 지나는 길에 슬쩍 건네주기도 하는 사이가 되었습니다.

사장님 댁에 가면 앉을 틈이 없습니다. 소장품 하나하나가 모두 작품이고, 눈이 휘둥그레지는 소품에, 구석구석의 감각을 엿보느라 엉덩이를 붙일 수가 없습니다.

고경애 화가의 작품이 걸린 거실풍경. 라이크라이크홈의 대표이자 인테리어 디자이너인 그녀가 고른 가구와 조명의 안목이 놀랍다.

왼쪽 책, 화분, 향수, 소소한 소품 등이
여기저기 놓여 있는 거실 벽선반의 모
습. 어수선하지 않고 근사합니다.

오른쪽 두루마리 휴지를 그물백에
넣은 센스

타인의 공간을 꾸며주는 인테리어 디자이너 본인의 집을 직접 가서 살펴볼 수 있다는 것은 대단한 행운이 아닌가 싶어요.

집을 둘러보고 메모한 저의 노트에는 이렇게 적혀 있었습니다.

'나의 어린 시절 사진도 액자에 껴서 간직하자. 두루마리 휴지의 보관을 그물가방으로. 미닫이문의 놀라운 디자인, 필요에 의해 없는 벽을 만들어내는 대담함, 붙박이장은 무조건 화이트만이 답이라는 고정관념을 깰 것'이라고요.

그러나 무엇보다 중요한 것은 공간을 채우는 물건을 뽑고, 배치할 수 있는 그 '안목'이겠지요. 많이 보고, 많이 배울 것 그것이 자신의 공간을 재창조하는 힘이 아닐까 싶어요.

혜림의
집

혜림 씨는 저의 에어비앤비 선배입니다. 호스트로서 종종 근처의 숙소를 둘러보기도 하는데 딱 제 눈에 들어온 것이 혜림 씨가 운영하는 숙소였어요.

단아함과 멋스러움, 그리고 세심함까지 모두 갖춘 집이었지요. 혜림 씨의 숙소를 발견한 날, 저장 목록에 꾹 담아두고 수시로 관찰했던 경험이 있습니다. 저 혼자만의 라이벌이랄까요?

혜림 씨가 제게 문자로 연락을 한 날, 운명이라는 것을 느꼈습니다. 서로의 숙소를 엿보며 궁금해했던 것이었지요.

첫 만남에도 나눌 수 있는 말들이 그렇게 많을 수 있음에 놀랐고, 서로의 공통된 관심사가 많이 겹쳐 언제나 만나면 즐거운 그녀입니다.

여러 번 만난 후 드디어 방문하게 된 그녀의 집. 혜림 씨 집에 들어서자마자 나무 천정이 제 시선을 사로잡았습니다. 각 문의 몰딩, 화분을 놓을 수 있는 돌출된 창문, 도어의 손잡이를 보고 제 마음은 쿵쾅거렸습니다. 1980~90년대 초 주택에는 요즘 집에서는 결코 느낄 수 없는 감성과 매력이 있습니다.

1980-90년대 초반 주택의 천정은 이런 멋스러움이 숨겨져 있어요.

공사를 하지 않고, 그대로의 오래되고 낡은 집을 그녀의 손길로 정돈하고 곳곳을 세심히 꾸민 배려에 사는 사람에 따라 집은 얼마나 다정하고 아름다워질 수 있는 것인가 새삼 숙연해지기도 했습니다.

혜림 씨는 얼마 전 작은 마당이 있는 단독으로 이사를 갔습니다. 저는 그녀의 이사가 제 일마냥 무척 들뜨고 설렙니다. 그녀의 손길로 어떤 집을 만들어 갈지 벌써 그림이 그려지네요.

혜림 씨에겐 '심바'라는 코 주변이 거뭇한 귀여운 개가 있습니다. 그녀가 심바를 데리고 동네를 산책하는 날, 우연히 만나길 기대하며 오늘도 창 밖을 쓰윽 내다봅니다.

오른쪽 하나하나 그녀의 정성과 손길이 빚어져 탄생된 도자기들

은경 언니의
집

추석에 시부모님을 집으로 모시게 되었습니다. 식사 때 내어드릴 마땅한 찬이 없어 걱정하며 발을 동동 굴렀죠. 그 바쁜 와중에 집 앞으로 달려와 나물과 잡채를 드라이빙 스루 방식으로 건네주던 그 진한 고마움. 은경 언니는 "내가 줄까?" 하고 언제나 내어줄 준비가 되어 있는 사람 같아요.

은경 언니네 집은 제가 좋아하는 게 모두 있습니다. 가장 좋아하는 주택 형태인 붉은 벽돌, 튀어나온 창, 멋드러진 가구와 곳곳의 공간을 빛내어주는 미술 작품들, 아기자기한 그릇과 대나무 바구니, 흔치 않게 이쁜 장바구니들, 다양한 앞치마 그리고 고양이들까지.

언니네 집을 처음 가본 후 저는 언니가 보여준 마음과 집에 홀딱 반해 또 언제 불러주나 기다리는, 염치없는 사람이 되어버렸지요. 이런 제 맘을 읽었는지 언니는 종종 저를 불러주어 제 눈과 입을 즐겁게 해주곤 해요. 일상에 지친 제 맘을 정성 가득한 음식으로 위로해주는 언니의 초대는 늘 가슴 벅차게 합니다.

왼쪽 연어샐러드와 감태, 문어, 고사리와 연어알이 들어있는 솥밥이 함께한 그날의 점심.

오른쪽(왼) 살림을 좋아하는 여인들의 필수템, 바구니.

오른쪽(오른) 뚝배기그릇, 나무도시락통, 나무 받침 등 보기만해도 즐거운 언니의 찬장구경.

요리를 잘하는 언니의 집에 가면 집밥의 진수를 보여줍니다. 정성이 담긴 반찬과 척척 나오는 음식을 보고 있노라면 눈이 동그래지고, 입 안으로 들어가는 순간 눈은 절로 감기며 언니의 손맛에 스르르 취하게 되지요. 남은 반찬이나 식재료들을 친정 엄마처럼 바리바리 싸주어 가슴을 뭉클하게 해주는 은경 언니. 그 고마움을 글로 표현할 수가 없어요.

언니를 만난 후, 집밥의 소중함과 음식을 대하는 태도, 사람의 초대를 부담스럽게 생각하지 않는 자연스러움을 배우게 되었습니다.

벼는 익을수록 고개를 숙이는 법인지 이렇게 멋진 센스를 갖고 있는 언니는 정작 SNS에는 본인의 집이나 요리 사진을 굳이 올리지도 않습니다. 알짜배기는 이렇게 숨어 있지요. 뽐내는 이들 뒤에서 '허허, 그러냐'하고 웃고 있는 진짜 멋쟁이인 것 같아요.

주은의
집

주은의 집에 들어서는 순간 '와타나베 이츠시의 건축기행'이 생각났습니다. 예전 케이블TV에서 나이 지긋한 중년 남성이 각 집을 방문하며 건축주에게 이것저것 물어보며 '스고이(멋지다, 훌륭하다)!'를 연발하는데 딱 그 시점에서 감탄사를 내뿜게 하던 그런 TV 프로그램이 있었지요.

주은의 집은 저를 '와타나베 씨'로 만들어 주었습니다. 저보다 한참 젊은 부부가 70평 땅에 집을 지어 자기만의 스타일로 멋지게 살아가는 모습은 저를 한없이 용기 없는 바보로 만들었습니다. 집의 구조와 방 배치, 아이를 고려한 친환경 자재 등 자연스럽지만 철저한 계산이 들어가 있는 집임에 틀림없었습니다.

주은의 집 거실에서 바라보는 밖의 풍광은 놀랍습니다. 강원도의 한적한 숲 속에 들어와 있는 듯한 느낌이 절로 든답니다. 바람에 흔들리는 나무를 바라보고 있노라면 아무것도 하지 않고 있어도 좋을 그런 집이었지요.

거실에서 바라본 밖의 풍경. 사계절을 오롯이 느낄 수 있어요.

왼쪽 화장실 앞에 있는 보조세면대 모습. 맘에 드는 포스터를 문에 붙여 놓으니 무척 멋스럽군요.

오른쪽 부부의 침실 옆 움푹 파인 공간을 아이의 공간으로 따로 만들어 서로 불편함 없이 나란히 누워 잘 수 있어요.

그녀의 가족이 돌연 미국에 간다고 얘기했을 때 '이 아름다운 집을 놔두고 어떻게 갈 수가 있지'란 생각이 가장 먼저 들었습니다. 이렇게 헤어진다면 정말 귀한 사람을 잃을 것 같은 서운함이 밀려왔고 부득이한 상황이 발생하여 다시 원점으로 돌아가길 내심 바라기도 했습니다. 제가 부자였다면 그녀의 집을 전세로라도 빌려 잠시 맡아 두고, 그녀가 다시 돌아오면 언제라도 내어 줄 마음마저 들었지요.

머물러 고이지 않는 사람이 되고 싶다는 그녀와 사랑스러운 가족은 결국 미국으로 떠났습니다. 출국하기 전날 그녀와 메시지를 주고받았습니다. '언니 안녕' 이란 문자는 그것이 영영 이별인 것 같아 오랜 시간 슬픔이 가득한 날을 보냈습니다.

미국에서 잘 지내고 있다며 보내준 그녀의 집 사진에는 창 밖으로 큰 나무가 우뚝 서 있고 따뜻한 햇살이 쏟아지는 집이 있었습니다. 어디를 가나 다정하고 온화한 그녀만의 기운을 느낄 수가 있었지요.

그녀의 집을 처음 방문했던 때는 10월이었습니다. 그녀를 만나고 돌아오는 길에 집 앞 도서관에서 떨어진 노란 모과를 주었습니다. 코 끝에 맴도는 향기로운 모과향이 '참 고운 그녀 같다'고 생각되었어요. 미국에서 잘 지내고 있지요? 주은.

그녀의 작은 책상

호화 씨의
집

호화 씨는 지리산 근처의 작은 마을인 피아골에 삽니다. 아주 오래전부터 그녀의 숙소를 블로그에서 봐오면서 꼭 묵어보고 싶었기에 연락했습니다. 그때마다 예약이 꽉 차 있어서 '참 많은 사람들이 남쪽 먼 곳까지 찾아온다는 것'을 새삼스레 알게 되었지요.

지리산으로 여행 갔을 때입니다. 이런 제 맘을 읽은 하동 차꽃오미 사장님께서 서울로 돌아가기 전에 꼭 만나보라며 호화 씨에게 연락을 취해주셨습니다. 민박 손님이 아닌 낯선 이로서의 방문이 얼마나 불편할까 싶어 괜시리 미안해졌습니다.

그러나 어색함과 낯설음을 느낄새도 없이 호화 씨의 싹싹하고 한없이 다정한 말투, 몸에 밴 배려로 한 순간의 어색함도 없이 그녀에게 빠져들었습니다. 집 주변의 무성한 잡초를 베어낼 때 모기가 얼굴을 집중적으로 물었다며 물린 자국을 보여주는 그녀가 무척 귀엽게 느껴졌습니다.

현관에 은은한 천을 걸어두니 바로 내부가
보이지 않아 좋아요.

호화 씨의 집은 군불을 때는 옛 방식을 고수하고 있습니다. 더운 여름에도 밤에는 한기를 느낄 수 있어 불을 땐다고 했습니다. 집 안 곳곳은 그녀의 감각과 정성으로 가득했고, 내어주신 대봉꽃감은 로즈마리로 장식되어 있었지요.

눈에 쏙 들어오는 바구니가 곳곳에 눈에 띄어 물어보니 대나무 공예를 배우는 중이라 하더군요. 전 그게 흥미로웠습니다.

그림 솜씨가 좋은 그녀는 동네 사람들의 명함, 간판, 농산물 제품의 상표 등을 손수 만들어 그 가치를 더해줍니다. 그림 실력이 예사롭지 않아 물어보니 전공자는 아니라며 수줍게 웃는 호화 씨. 돈을 바라지 않고 자신이 가진 재주로 기꺼이 사람들을 널리 이롭게 하는 호화 씨가 제겐 홍익인간의 모델로 보이기도 합니다.

그날 호화 씨와의 만남은 제겐 큰 울림이 되어 그녀를 생각하면 가슴이 절로 벅차 오릅니다. 자족하며 자연을 벗 삼아 하루하루를 충실하게 사는 그녀의 삶은 그 누구보다 멋져 보입니다.

하루 24시간 중 단 한 순간도 허투루 쓰지 않고 바삐 움직이며 일하는 그녀의 별명은 '달려라 호호'입니다. '호화 씨'가 아닌 '호호 씨'로 부르면 훨씬 더 귀여울 느낌이 들 것 같아 함박웃음이 되었지요.

언젠가 '달려라 호호'를 그녀의 손길로 완성된 웹툰이나, 소설로 만나보길 바라는 팬의 마음이 되어 그녀의 삶을 응원하게 되었습니다. 우리 모두의 '달려라 호호'가 되어주세요.

혜원의
집

그녀를 처음 보게 된 것은 친구의 결혼식이었지요. 성당에서 결혼한 친구의 축가가 이층 성전에서 울려 퍼지는데 처음엔 초빙 가수인 줄로만 알았습니다. 제게 아름다운 노랫소리의 기억을 안겨준 그녀는 보기만 해도 배부른 세 아이의 엄마입니다.

또래의 아이를 키우고, 게다가 운 좋게 가까운 동네에 살게 되었던 우리는 아이의 어린 시절, 그리고 지금보다 훨씬 더 젊었던 시절에 추억을 같이 한 친구입니다. 포대기로 아이를 재우고, 기어 다니는 족족 아무거나 집어먹고 뱉어내는 대책 없는 유아기에 서로의 아이들을 보고 기억을 공유할 수 있었던 것은 우리에겐 큰 추억이 되었습니다.

외출이 자유롭지 못했던 아이의 유아기에 서로의 집을 오가며 육아 품앗이를 하곤 했는데 혜원의 집은 제겐 무척 놀라웠습니다. 보통 어린아이들이 있는 집의 풍경이란 뽀로로 매트와 육아용품이 집안을 가득 채우고 있는 모습이지요. 그러나 그녀의 집은 인상적인 빨간 소파와 북유럽풍의 정갈한 가구, 아이가 있지만 포기할 수 없는 이쁜 소품, 그리고 아이들의 작품을 적재적소에 센스 있게 놓아둔, 참 아름다운 공간이었습니다.

침대의 머리맡에 공간을 두어 식물로 연출한
풍경이 사랑스러워요.

우리는 서로 만나면 아름다운 집과 공간에 대한 얘기를 나누는데 그 시간이 얼마나 즐거운지 모릅니다. 친구라 해도 취향까지 맞기는 정말 쉽지 않은데 말이지요. 혜원과 집과 사람 사는 이야기, 아이들의 교육 등에 대한 이야기를 나누고 있노라면 배울 점이 많아 헤어지고 돌아오는 길에는 마음을 다시 고쳐먹게 되곤 합니다.

마음이 힘들고, 어려울 때 또는 기쁠 때 "언니 언제든 와"라며 문을 열어주는 혜원. 세심하고 배려심 깊은 그녀가 맞아주는 집은 제겐 '친구네 집은 먼 법이 없다'란 말이 늘 생각나는 장소입니다.

위쪽 이쁜 그릇과 컵이 가득한 그녀의 주방. 마치 카페에 온 것 같군요.

아래쪽 거실 중간에 원탁이 있으니 가족들이 자연스럽게 모여 더욱 화목한 분위기를 이끌 수 있어요.

파올라 아주머니의
집

이탈리아 여행 중 저희 가족의 여섯 번째 숙소이자, 진정한 생활자의 집.

이곳은 파올라 아주머니, 남편, 15세 아들이 사는 집입니다. 이제껏 묵은 에어비앤비 숙소는 렌탈하우스였지요. 주인은 살지 않고 게스트만 묵는 집들이었던 것이지요. 그런데 이 집은 살고 계신 집을 그대로 오픈한 생생한 집이라 입이 떡 벌어지고 말았습니다.

연로한 어머니께서 편찮으시다는 연락을 받아 갑자기 친정에 가게 된 파올라 아주머니. 얼굴을 못 봐 미안하다며 연신 문자 메시지를 보내왔습니다.

도착하기 2주 전부터 "어떤 케잌을 좋아하니?", "아이들이 있으니 초코맛을 좋아할까?", "어떤 것에 흥미가 있니?", "아이들과 함께라면 이런 장소를 추천해주고 싶어" 등등을 끊임없이 물으며 연락을 주셨어요. 그렇게 다정스러운 분의 얼굴을 직접 볼 수 없다는 것은 무척 아쉬웠습니다. 친절함과 배려가 몸에 밴 그녀와 가족들이 숨쉬는 공간을 순간순간 기록하고 싶어졌지요.

유년 시절 아들의 낙서와 엄마의 손
그림으로 가득한 침대 헤드의 모습

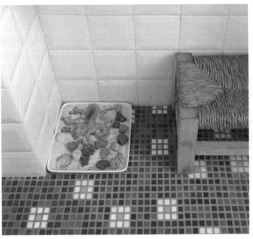

장식장 위의 유리 공예품들, 욕실 구석구석의 물고기 장식, 오래된 스누피 책, 세탁 건조기에 붙은 자석 인형들로 마음이 따뜻해집니다. 침대 헤드의 낙서마저 예술작품 같았고요. 아들 방에 있는 젊은 시절의 할머니 사진도 눈에 띄었습니다. '아! 이 어머님께서 연로해지셨구나.' 손주방에 있는 젊은 시절 할머니의 사진이라니…

우연한 예약으로 가족의 스토리와 온기가 숨쉬고 있는 진짜 살아 있는 집에 묵게 된 것은 여행 이상의 기쁨을 안겨 주었습니다. 저희 집도 게스트들에게 현지인의 실제 사는 모습을 심어줄 수 있다는 자신감을 갖게 해주었지요. 실제로 이 여행에서 돌아온 후 제가 사는 집을 외국인 게스트들에게 내어 드린 적이 있습니다. 그들에게 저희 집은 또 어떻게 기억되었을까요?

이탈리아에서의 마지막 밤을 잊지 못하게 해준 파올라 아주머니의 집은 여행 기간에 실망스럽고, 속상했던 기억을 모두 어루만져 주고 보듬어준 치유의 공간이었습니다.

손님에게 빌려만 주는 숙소가 아닌, 가족들의 생활감이 가득 묻어 있는 집은 훨씬 기억에 남아요.

최순우
옛집

가족, 친구, 지인이 집으로 놀러 오면 동네 산책 코스로 늘 보여주는 곳이 있습니다. 집에서 살짝 언덕을 올라가 좁은 골목 계단을 총총 내려가면 나오는 저의 또 다른 산책의 집.

저는 한옥 자체를 좋아하기에 한옥 대문만 보면 멈춰 서는데 이곳은 정말 특별했습니다. 많은 사람의 이름이 대문 옆 벽면을 가득 메우고 있더군요. 시민들의 성금으로 매입하여 보전된 내셔널트러스트 시민문화유산 1호. 최순우 선생의 뜻을 기리기 위해 기념관으로 운영되고 있는 곳입니다. 자칫 팔리거나, 보존되지 못했을 뻔한 이 아름다운 집을 시민들의 힘으로 살려내었기에 가슴이 벅차 오릅니다.

국립중앙박물관장을 지낸 혜곡 최순우 선생은 대한민국 미술사에 큰 획을 그으신 분입니다. 그의 저서 《무량수전 배흘림 기둥에 기대서서》는 우리 민족의 타고난 미의식을 깨우쳐주는 한편, 관심을 두지 않고 지나쳐버린 한국의 문화재, 회화, 공예품들의 미적인 진가에 대해 더할나위 없이 다정하게 알려줍니다.

어느 가을날 보리수 열매가 익던 계절의 최순우 옛집

이 집은 1976년부터 1984년 돌아가실 때까지 사시던 집이지요. 곳곳에서 풍기는 자연스러운 미적인 감각에 눈을 뗄 수가 없습니다. 소박한 집이지만 품위가 넘치고 단아하기 그지없는 아름다움에 가슴이 뭉클합니다. 4계절의 자연을 모두 들여놓은 집이기에 아무리 자주 가도 지루한 법이 없습니다.

푸르른 5월 어느 날, 우연히 길을 지나는데 최순우 옛집에서 클래식 기타 연주회가 있었습니다. 연주자도 관람객도 모두 마스크를 쓰고 함께했던 기타 연주회였지요. 기타 선율이 공간의 온기와 마당의 바람을 타고 귓가에 들어왔습니다. 클래식 기타의 선율이 한옥과 기막히게 어우러지며 만들어낸 아름다움은 저의 눈과 귀를 휘감았습니다.

빨간 보리수 열매가 가득 열리는 계절이나 비가 오는 날, 매화가 피는 봄날, 마음에 구름이 가득한 날에 최순우 옛집 뒤편 툇마루에 앉아 눈 감고 자연의 소리를 듣는 것이 제겐 일상의 큰 즐거움이랍니다.

최순우 옛집에서 가장 눈여겨 보아야 할 것이 바로 창살 무늬, 좌우상하 대칭, 창살의 굵기 등의 균형미가 더할 나위 없이 돋보여요.

장면
가옥

혜화동 로터리 방향으로 걸어 가다 보면 뭔가에 이끌려 들르게 되는 곳이 있습니다. 똑바로 가다 몸이 어느새 오른쪽으로 기울게 되지요. 참새가 방앗간을 지나치는 법이 없듯이 저는 이 집을 건너뛸 수가 없습니다.

틋마루에 앉아 잠깐이라도 햇살을 쪼이며 마루를 문질러 봅니다. 이 집 마루를 어루만져 주는 의식을 하고 다시 갈 길을 갑니다. 이렇게 아름다운 집은 자주 찾아주고 인사를 해줘야 섭섭하지 않을 거라 상상하며 늘 '안녕하신가요?'라는 문안 인사를 드리게 되는 집이 되었지요.

역사 지식이 해박하지 않아 '장면'이란 이름이 처음엔 다소 생소했습니다. '들어본 것 같은데' 정도로 말이지요. 장면 선생은 우리나라 2대 국무총리를 지낸 분입니다. 일제 강점기에 천주교 교육운동과 문화운동을 이끄시고, 광복 후 대한민국 건국에 일익을 담당했던 역사적 인물이지요. 집 안에는 선생의 몇몇 소장품을 볼 수 있는데 제게 가장 인상적인 것은 그분의 도시락입니다. 늘 도시락을 싸 가지고 다니셔서 '도시락 청년'이란 별명이 있을 정도로 소박하셨다고 하네요. 신앙심이 깊고, 화려함과는 거리가 먼 생활을 하셨던 그의 인생은 우러러보는 마음이 들게 합니다.

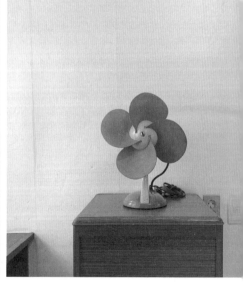

장면 가옥은 첫 대면을 하자마자 특별함이 느껴지는데 그 이유는 한식과 일식 그리고 서양식의 건축양식이 혼합된 독특한 양식이기 때문입니다. 밖에서 얼핏 집을 보면 일본식 가옥처럼 보이고, 대문을 열고 마주 보이는 집은 전형적인 아름다운 한옥, 그 옆 편의 별채는 서양식이지요. 그런데 이 조화가 부자연스럽지 않고 서로 어우러져 있어 이 집의 특별함을 더해 주는 것 같아요.

한옥 돌계단 바닥을 유심히 보면 보물 찾기를 할 수 있는 즐거움도 느낄 수 있습니다. 한문으로 '張' 자가 슬그머니 '나 찾아봐라'라고 말하는 듯 새겨져 있지요.

오늘도 그의 가옥 앞에선 발이 절로 멈춰집니다. 코로나 바이러스의 여파로 굳게 닫힌 문이 어서 열려 인사드릴 수 있기를 바라면서 말이죠.

위쪽(왼) 1930년대 한국 근대식 부엌의 모습이 정겹네요. 개수대 옆에 나란히 붙어 있는 목문 매립장과 유리문의 찬장이 자연스레 어울립니다.
위쪽(오른) 아궁이가 올려진 귀여운 옛 타일들은 향수를 불러 일으키네요.

아래쪽(왼) 손님을 맞이하는 양옥스타일의 사랑채 입구
아래쪽(오른) 오묘한 색의 오래된 미니선풍기가 정겨워요.

홍난파

가옥

"엄마가 오늘 좋은 데 보여줄게."

두어 시간 후에 방과후 수업이 있는 아이들을 데리고 부랴부랴 왔는데, 도착하니 휴관이라는 간판이 눈에 딱 들어왔습니다.

'아, 어째야 하나' 속상함이 일더군요. 확인도 하지 않고 무작정 온 저의 우매함을 자책하며 돌아서려 하는데, 마침 청소하시느라 잠시 문을 열어놓으신 관장님과 눈이 딱 마주쳤어요. 관장님께서는 하시던 일을 멈추시고 여기까지 왔으니 들어와 보라고 하셨지요. 얼마나 감사한지 눈물이 날 것 같았습니다.

돌계단을 올라 현관문을 여는 순간 오래된 그랜드 피아노가 첫눈에 들어왔습니다. 음악가의 손때와 영감이 묻은 그때로 여행을 하는 것 같습니다. 피아노 옆 붉은 벽돌의 벽난로는 타닥타닥 장작 소리를 내며 금세라도 따뜻하게 해줄 것 같았지요. 낭만 있는 옛집을 떠올릴 때 빠뜨릴 수 없는 반질반질한 옛 원목 마루와 천장 나무루바는 집의 기품을 더해 주었습니다. 책장 안에 놓여 있던 슈베르트 악보는 오후 햇살을 가득 받아 반짝였는데 이 모든 것이 제가 이 집을 처음 마주한 순간의 기억입니다.

원목 헤링본 마루, 붉은 벽돌 벽난로, 그랜드
피아노가 어우러진 음악가의 방

왼쪽 1930년 독일 선교사가 지은 붉은색 벽돌 서양식 건물인 홍난파 가옥은 2007년 개·보수 공사를 끝내고 새로운 모습으로 문을 열었어요.

오른쪽 지하 공간인 이 곳에서는 홍난파 관련 서적과 비디오 테이프 등을 볼 수 있답니다.

상상 속 음악가의 집 그 자체였던 것이었지요. 이 가옥은 1930년 독일 선교사가 지은 서양 주택으로 '봉선화', '고향의 봄' 등으로 유명한 작곡가 홍난파 선생이 돌아가시기 전에 6년 동안 생활하신 집입니다.

발을 디딜 때마다 삐걱 소리가 나는 백 년에 가까운 헤링본 원목 마루는 홍난파 선생이 살아계셨던 그 시간으로 저의 시간을 되돌려 놓았습니다. 그에게 이 집에서의 시간은 어떤 의미였을까요? 여름에는 담쟁이로 물들이고, 겨울에는 붉은 벽돌의 민낯을 보여주는 아름다운 집에서 선생이 머문 6년의 시간이 마냥 궁금하기만 합니다.

집의 시간을 느끼는 내내 선생이 만든 곡의 음율이 떠나질 않습니다.

고경애 화가의
집

'코르뷔지에 넌 오늘도 행복하니?'

오래전 도서관에서 제 눈에 띈 책입니다. 건축가와 건축주가 서로의 이야기를 나누는 내용이지요. 그의 집은 독특했고, 날 것의 아름다움이 있었습니다. 삭막해 보일 수 있는 회색 콘크리트 집에서 따듯한 온기가 느껴졌습니다.

우연인지 필연인지, 묘한 느낌의 그 집을 방문할 기회를 얻게 되었습니다. 안주인인 작가님께서 홈갤러리 방식으로 작품을 전시한 것이지요. 이 귀한 기회를 놓칠 수 없었습니다. 책으로 먼저 마주한 주인공을 볼 수 있다는 것은 결코 흔하지 않으니까요.

'어디쯤일까? 제대로 가고 있는 걸까?' 의구심이 한계에 다다를 즈음, 드디어 그 집을 마주하게 되었습니다. 현관에서 작가님과 고슴도치(작품)가 같이 맞아주었습니다. 새가 노래 부르고, 청솔모가 경중경중 뛰어다니며 눈이 닿는 곳마다 초록초록 나무가 인사를 해주었습니다. 숲 자체인 뒷마당에는 평평한 산책로가 나 있었고, 숲과 집의 경계엔 작은 도랑도 보였지요.

자연을 벗삼아, 그림의 소재로 삼는 고경애 화가의 거실 풍경. 뒷마당에 접한 숲에 실제로 서식하여 이따금 출몰하는 동물들을 그린 그녀의 그림.

왼쪽 아직 어린 남매가 쓰는 방. 침
대 위에 걸린 아이의 신생아 때 그
림이 무척 인상적입니다.

오른쪽 화가님이 오래 전에 작업하
신 '리베르테(자유)' 그림.

"아이들은 한번 숲으로 나가면 좀처럼 집에 들어오지도 않아요."

개구리와 도롱뇽알도 있다 했습니다.

거실 천장엔 둥근 구멍이 나 있었습니다. 그곳엔 하늘과 쏟아지는 봄 햇살, 후두둑 빗소리, 바람까지 모두 담겨 있습니다.

둥근 천창으로 집안에서 계절을 느끼고, 숲을 마당삼아 뛰노는 작가님 가족의 삶에서 '충만'이란 단어가 제일 먼저 떠올랐습니다.

"남편은 아파트에 살 때 우울했던 제게 흙을 밟고 살 땅을 구하려고 애를 썼어요. 이 집을 짓게 된 것도 남편이 땅을 찾아낸 거에요. 남편은 저를 이해해주는 참 좋은 사람이에요."

콘크리트 벽이 왜이리 따뜻하게 느껴졌는지 작가님의 그림과 대화에서 그 이유를 확실히 찾을 수 있었지요. 결혼 후 그림의 스타일이 완전히 바뀌셨다는 작가님은 흘리는 말조차 가족의 사랑으로 가득했습니다.

'좋은 기운에서 나오는 색감은 이런 것이구나.'

작가님의 작품은 따뜻합니다. 사랑과 진심이 없으면 나올 수 없는 분위기이지요.

작가님의 말은 부드럽고, 확신에 차 있었습니다. 그녀에게서 '나는 예술하는 사람이야'란 어떤 허세나 예민함이 느껴지지 않았습니다.

화가이기 이전에 아내이자 엄마임을 더 중히 여기는 마음자세가 둘러본 모든 사물에서 느껴졌습니다. 반짝이는 스텐용기들, 가지런히 착착 개어진 수건, 계절에 맞추어 바뀌어 있는 깨끗한 침대보와 이불커버 등은 그녀가 얼마나 부지런하고 귀히 살림을 여기는지 알려주는 듯합니다.

"물건을 고를 때 하나를 사더라도 백 년을 쓴다는 생각으로 신경을 쓰곤해요. 이 포크도 벌써 10년이 지나 나무부분이 빛 바랬네요"

헤어질 때 작가님은 무명천에 이쁘게 싼 천일홍과 생수를 건네주셨어요. 돌아가는 길 차안에서 목이라도 축이라는 배려겠지요.

'내가 누군가에게 이런 대접을 받은 적이 언제였던가' 작가님은 따뜻하고 좋은 에너지를 전해주었습니다. 사람의 관계를 소중히 여기는 그녀를 본받고 싶어집니다.

저도 소중한 사람과 만나고 헤어질 때 탐스런 자두를 이쁜 바구니에 넣어 무명보자기에 싸서 선물하면 어떨까란 생각이 문득 들었습니다. 사람의 만남은 이렇게 귀한 것입니다.

제주

소라의 성

"이제 날 알아보겠니?"

건물은 제게 속삭이는 듯했습니다. 바다를 품은 소라의 모습으로 이야기를 간직한 곳.

설계자는 미상이나 1960년대 이런 작품을 완성할 수 있는 건축가는 매우 드물어서 다수의 건축학자는 그의 작품으로 추정하고 있다고 합니다. 그는 바로 건축가 '김중업' 선생님이지요.

오직 그만이 보여줄 수 있는 건축양식이 있었기에 한눈에 알아볼 수 있었습니다. 건물의 기둥을 본 순간 서울 광희문 옆의 '서산부인과' 건물이 불현듯 생각이 났으니까요.

위대한 건축가의 작품을 이렇게 돈 한 푼 들이지 않고 쉽게 볼 수 있다는 것이 얼마나 행운인지 모릅니다. 그러나 고마움과 함께 미안함의 감정도 밀려왔지요.

도서관으로 용도가 변경된 이곳에서 잠시나마 책장에서 책을 꺼내 들었습니다. 유독 책이 잘 읽혔습니다. 아마도 바다를 품은 소라의 평온함을 온몸으로 느껴서인지도 모르겠습니다. 공간이 주는 위로는 참으로 대단한 힘이 되는 것 같습니다.

마음속 깊이 숨겨놓고 간직하고 싶은 곳, 이렇게 제겐 잊을 수 없는 또 하나의 장소가 되었습니다.

글 을 마 치 며

평범한 주부가 글을 쓰고, 책을 내게 되었다는 것이 여전히 믿기지 않습니다. 하루하루의 산책과 청소 그리고 집과 함께한 이야기들이 제게 이런 기회를 주었다는 생각에 놀랍기도 합니다.

영화 '라따뚜이'에서 '누구나 요리사가 될 수 있다' 란 책 제목을 보고 생쥐 '레미'가 요리사를 꿈꾸었듯이 누구나 작가가 될 수 있다는 자신감을 저도 가져봅니다.

봄에 시작한 원고 작업이 해가 바뀌어 또다시 봄이 되었습니다.

장마가 유독 길었고, 예측불허의 환경변화가 먼 훗날의 이야기가 아니라는 것도 알게 되었지요. 신종 코로나 바이러스로 이제껏 경험하지 못했던 시간들을 보내고 있습니다. 아무리 짧은 거리라도 외출할 때마다 마스크를 써야만 하고, 보고 싶은 사람들을 예전처럼 쉽게 만나지 못하게 된 것은 여전히 적응되지 않습니다.

다만 덕분에 집의 시간들, 아이들과 함께 지내는 시간이 늘게 되었지요. 내 자신과, 가족, 나의 집을 좀 더 자세히 들여다보게 되는 계기가 되었습니다. 집과 산책을 좋아하지 않고 밖에서 재미를 찾는 사람이었다면 더 힘든 시기가 되었을 것 같아요.

글을 쓰는 동안 예기치 않은 변화가 있었습니다. 남편의 회사 이전 문제로 집을 내놓게 되어 이사를 가게 되었습니다. 애정을 듬뿍 담은 집과, 사랑하는 동네를 떠날 생각에 마음은 갈피를 잡지 못할 만큼 힘듭니다. 동네를 한 사람의 대상처럼 사랑한 것도 제겐 첫 경험이었지요. 이사를 온 새집에서 옛집에 대한 이야기를 수없이 읽고 고치는 동안 그리움이 걷잡을 수 없이 번져 눈시울이 붉어지곤 합니다.

3년 가까이 혜화동에서 보낸 시간들이 매순간 소중했고, 제게 무수한 영감을 주고 삶의 자세를 바꾸게 해주었기에 꼬옥 안아주며 감사의 인사를 하고 싶습니다.

제가 걷고, 발길이 닿았던 모든 공간의 기억은 고스란히 저의 기억 상자에 넣어두었습니다. 그리고 '잠시만 내가 여행을 마치고 다시 돌아올 테니 안심하고 기다리렴'이라고 말해주고 싶습니다.

'오미는 너무 귀여워'라며 하루에도 몇 번씩 안아주고 뽀뽀를 해주는 아이들과, 새벽에 글을 쓸 때마다 커피를 내려주고, 같이 원고를 보며 글을 매만져주던 남편에게 사랑을 전합니다.

집과 산책

2021년 6월 16일 초판 1쇄 발행
2021년 8월 31일 초판 4쇄 발행

지은이   손현경
펴낸이   황재은
디자인   로테의 책
일러스트   신설화
—
제작   책의 무게
펴낸곳   비밀신서
—
주소   서울시 마포구 독막로 96 리더
전화   02) 6014-7800
팩스   02) 6014-5800
이메일   bimilsincer@gmail.com
홈페이지   http://www.bsincer.com
트위터/인스타   @bimilsincer

등록 2017년 9월 15일 제2017-000249호
ISBN 979-11-974882-0-7 (03590)
값 18,000원